华章IT

HZBOOKS | Information Technology

高性能计算技术丛书

Mastering Parallel Programming with R

R并行编程实战

西蒙 R. 查普尔（Simon R. Chapple）
伊丽·特鲁普（Eilidh Troup）
[美]　托斯顿·福斯特（Thorsten Forster）　著
特伦斯·斯隆（Terence Sloan）

张茂军　李洪成　文益民　译

机械工业出版社
China Machine Press

图书在版编目（CIP）数据

R 并行编程实战 /（美）西蒙 R. 查普尔（Simon R. Chapple）等著；张茂军，李洪成，文益民译 . —北京：机械工业出版社，2017.7
（高性能计算技术丛书）
书名原文：Mastering Parallel Programming with R

ISBN 978-7-111-57637-2

I. R⋯　II. ① 西⋯　② 张⋯　③ 李⋯　④ 文⋯　III. 并行程序—程序设计　IV. TP311.11

中国版本图书馆 CIP 数据核字（2017）第 191498 号

本书版权登记号：图字　01-2016-5122

Simon R. Chapple, Eilidh Troup, Thorsten Forster, Terence Sloan: *Mastering Parallel Programming with R* (ISBN: 978-1-78439-400-4).

R 并行编程实战

出版发行：机械工业出版社（北京市西城区百万庄大街 22 号　邮政编码：100037）
责任编辑：盛思源　　　　　　　　　　　责任校对：殷　虹
印　　刷：北京文昌阁彩色印刷有限责任公司　版　　次：2018 年 1 月第 1 版第 1 次印刷
开　　本：186mm×240mm　1/16　　　　印　　张：12.5
书　　号：ISBN 978-7-111-57637-2　　　定　　价：59.00 元

凡购本书，如有缺页、倒页、脱页，由本社发行部调换
客服热线：（010）88379426　88361066　　　投稿热线：（010）88379604
购书热线：（010）68326294　88379649　68995259　　读者信箱：hzit@hzbook.com

版权所有·侵权必究
封底无防伪标均为盗版
本书法律顾问：北京大成律师事务所　韩光 / 邹晓东

The Translator's Words 译者序

　　并行计算是一种通过执行多条指令来解决大型复杂计算问题的有效算法，可以显著提高计算机系统的计算速度和处理能力。R 语言是目前非常流行的一种开源程序语言，在统计学和生物学等学科中得到了广泛应用。本书成功地借助于 R 语言实现了并行计算的多种有效算法，并且通过案例分析了如何运用 R 语言执行并行计算。同时详细介绍了并行计算中的 R 程序包的使用，如 SPRINT 包提供了一套从 R 中调用并行计算的 MPI 函数。全书案例简单易懂，程序翔实，叙述清晰。本书 4 位作者都是计算机专业的资深专家和学者，从事并行计算多年，发表了众多优秀成果。本书的引进有益于读者运用 R 语言进行并行计算的研究，读者可以结合实际应用来学习本书中讨论的算法和模型。

　　本书的翻译得到了国家自然科学基金（项目编号 71461005）和广西高校数据分析与计算重点实验室的资助。特别感谢桂林电子科技大学研究生姚家进、郭梦菲、秦文哲在翻译本书中所做的出色工作。

　　由于时间和水平所限，难免会有不当之处，希望同行和读者多加指正和批评。

前　言 *Preface*

我们正处于信息爆炸时代。从个人到全世界，生活中的一切都变得越来越与物联网实时关联。据预测，到 2020 年，世界上的数据将超过现在的 10 倍，达到惊人的 44 泽字节（1 泽字节相当于 2500 亿张 DVD）。为了解决大数据的规模和速度问题，我们需要巨大的计算、内存和磁盘资源，而为此就需要并行计算。

尽管使用的时间不长，但 R 作为一种开源统计编程语言，逐渐成为人们分析数据的关键基础技术之一。我敢说 R 现在是"数据科学家"的主流编程语言之一。

当然，数据科学家可能会部署许多其他工具来处理大数据的一些困难问题，如 Python、SAS、SPSS 或 MATLAB。然而，自从 1997 年以来，随着开源语言的深入发展，R 语言非常流行，在 20 年中开发了许多存放于 CRAN 镜像站点的 R 添加包，这些添加包适用于几乎所有形式的数据分析，从小型数值矩阵到庞大的符号数据集，如生物分子 DNA。事实上，我认为 R 语言正成为"事实上"的数据科学脚本语言，它可以融合许多不同类型的高度复杂数据的分析方法。

R 语言自身总是按照单线程来实现的，而且其原有的程序设计并没有应用并行机制。然而，为了达到某些功能的并行目的以及使用并行处理框架，R 语言需要借助于某些特别开发的外部添加包。我们将重点关注一些目前技术范围内可用的最好的并行算法。

在本书中，我们将介绍并行计算的各个方面，从单程序多数据（SPMD）到单指令多数据（SIMD）向量处理，包括用 R 添加包 parallel 来利用 R 内置的多核功能、用消息传递接口（MPI）进行消息传递、用 OpenCL 处理通用 GPU（GPGPU）的并行性。我们还将探讨并行性的不同框架方法，从利用任务分配的负载均衡到网格空间处理。我们将通过 Hadoop 了解云计算中更通用的批量数据处理，以及集群计算中的热门新技术 Apache Spark，它更适合大规模的实时数据处理。

我们甚至会探索如何使用真正的数百万英镑的超级计算机。是的，我知道你可能没有这样的计算机，但是在本书中，我们会告诉你如何使用它，以及并行计算的效果。说不定，随着知识的更新，你可以来到当地的超级计算机中心，并说服他们让你进行一些大规模的并行计算！

本书中展示的所有编码示例都具有原创性，选择这些示例的原因是为了不复制其他书中可能遇到的例子。亲爱的读者，选择这些代码的原因是希望能让你与普通读者有一点不同。作为作者，我们非常希望你享受这个过程。

本书内容

第 1 章快速地展示如何利用 R 的并行版本 lapply() 来开发笔记本电脑的多核处理功能。我们也通过亚马逊网络服务简要介绍云计算的巨大运行能力。

第 2 章涵盖标准的消息传递接口（MPI），它是实现高级并行算法的关键技术。在本章中，你将学习如何使用两个不同的 R MPI 添加包 Rmpi 和 pbdMPI 以及底层通信子系统的 OpenMPI 实现。

第 3 章通过开发一个详细的 Rmpi 工作示例完成 MPI 过程，说明如何使用非阻塞通信和局部进程间消息交换模式，这是实现空间网格并行所必需的。

第 4 章介绍在真实的超级计算机上运行并行代码的经验。本章还详细介绍开发 SPRINT 的过程，即一个用 C 语言编写的可以在笔记本电脑以及超级计算机上运行的并行计算的 R 包。此外，还说明如何使用自己本地编码的高性能并行算法扩展此添加包，并使其可访问 R。

第 5 章展示如何通过 ROpenCL 添加包直接应用笔记本电脑的图形处理单元

（GPU）的大规模并行和向量处理能力，该添加包是开放式计算语言 OpenCL 的一个 R 包装。

第 6 章介绍并行编程及其性能的科学原理，通过强调想要避免的潜在陷阱来讲述最好的实践艺术，并初步展望了并行计算系统的未来。

在线章节"Apache Spa-R-k"介绍了 Apache Spark，现在它成为继 Hadoop 之后最流行的分布式存储大数据的并行计算环境。你将学习如何设置和安装 Spark 集群，以及如何直接从 R 中利用 Spark 自己的数据框提取。

这一章可以在 Packt 出版社的主页上下载：https://www.packtpub.com/sites/default/files/downloads/B03974_BonusChapter.pdf。

不需要从头到尾依次阅读本书，大多数情况下，每一章节都是可以独立阅读的。

阅读准备

要运行本书中的代码，你需要一个最新配置的多核笔记本电脑或台式计算机。你还需要一个合适带宽的网络连接，用于从 CRAN（R 包的主要在线存储库）下载 R 和各种 R 代码库。

本书中的例子主要使用 RStudio 0.98. 1062、64 位 R 3.1.0（CRAN 发行版）开发，运行于 2014 年发行的 Apple MacBook Pro OS X 10.9.4（具有 2.6 GHz Intel Core i5 处理器和 16 GB 内存）。当然，所有这些例子也应该适用最新版本的 R。

本书中的一些示例将无法使用 Microsoft Windows 运行，但是它们应该可以在 Linux 的其他版本上运行。每章将详细介绍所需的额外的外部库或运行时的系统要求，并提供有关如何访问和安装它们的信息。

读者人群

本书适用于中高级 R 开发人员，使之掌握利用并行计算功能来执行长时间运行的计算,并分析大量数据。你需要具有一定的 R 编程知识,并且是一个能力强大的程序员,这样你可以阅读和理解低级语言(如 C/C++),并熟悉代码编译过程。你可以认为自己是新型数据科学家,即一个熟练的程序员和数学家。

本书约定

在本书中,你会发现一些区分不同信息的文本样式。以下是这些样式的一些例子及其含义。

代码、数据库表名、文件夹名、文件名、文件扩展名、路径名、虚拟 URL、用户输入和 Twitter 句柄如下所示:"注意使用 `mpi.cart.create()`,它从一组现有的 MPI 进程映射构造了一个笛卡儿秩 / 网格。"

代码段如下:

```
Worker_makeSquareGrid <- function(comm,dim) {
  grid <- 1000 + dim     # assign comm handle for this size grid
  dims <- c(dim,dim)      # dimensions are 2D, size: dim X dim
  periods <- c(FALSE,FALSE)  # no wraparound at outermost edges
  if (mpi.cart.create(commold=comm,dims,periods,commcart=grid))
  {
    return(grid)
  }
  return(-1) # An MPI error occurred
}
```

当我们希望注意到代码段的特定部分时,相关行或条目将加粗:

```
# Namespace file for sprint

useDynLib(sprint)

export(phello)
export(ptest)
export(pcor)
```

任何命令行输入或输出如下所示:

```
$ mpicc -o mpihello.o mpihello.c
$ mpiexec -n 4 ./mpihello.o
```

新术语和**重要词**都以黑体显示。

 表示警告或重要提示。

 表示提示和技巧。

下载示例代码

可以从 http://www.packtpub.com 通过个人账号下载你所购买书籍的示例源码。如果你是从其他途径购买的，可以访问 http://www.packtpub.com/support，完成账号注册，就可以直接通过邮件方式获得相关文件。

你也可以访问华章网站 http://www.hzbook.com，通过注册并登录个人账号，下载本书的源代码。

下载书中彩图

我们还提供了一个 PDF 文件，其中包含本书中使用的截图和彩图，以帮助读者更好地了解输出的变化。文件可以从以下地址下载：http://www.packtpub.com/sites/default/files/downloads/MasteringParallelProgrammingwithR_ColorImages.pdf。

About the Authors 关于作者

西蒙 R. 查普尔（Simon R. Chapple）是一位经验丰富的解决方案架构师和首席软件工程师，从事数据分析和医疗信息系统解决方案和应用的开发超过 25 年。他也是超级计算机 HPC 和大数据处理方面的专家。

Simon 是 Datalytics 科技有限公司的首席技术官和管理合伙人，带领一个团队建设下一代大规模数据分析平台，该平台建立在一组由高性能工具、框架和系统所构成的可定制的工具集合基础上，可以使从数据采集、分析到呈现的整个实时处理周期，轻松地部署到任何已有的 IT 操作环境中。

此前，他在 Aridhia 信息公司担任产品创新总监，为苏格兰的医疗服务供应商建立了多个新系统，包括为苏格兰 18 周转诊治疗和癌症患者的管理而提供的一体化病人路径跟踪系统，该系统应用了 10 个单独数据系统的集成（减少病人等待时间，从而提供最好的服务）。他还利用公共云托管监测系统，为实时化疗患者建立了专门的移动系统，该系统在澳大利亚进行了临床试验，受到护士和病人的高度赞扬，"就像在你的起居室里有一位护士……希望所有的化疗病人每天都有天使般的安全舒适的护理环境。"

Simon 也是 ROpenCL 开源软件包的作者之一，该添加包使得用 R 编写的统计程序可以应用图形加速器芯片中的并行计算能力。

对于 SPRINT 这一章，我特别要感谢爱丁堡并行计算中心的同事以及本书审阅者 Willem Ligtenberg、Joe McKavanagh 和 Steven Sanderson，谢谢他们的积极反馈。我还要感谢 Packt 出版社的编辑团队为本书的最终出版付出的辛勤劳动。感谢我的妻子和儿子的理解，他们给我珍贵的时间使我成为一名作者，谨以此书献给我爱的 Heather 和 Adam。

伊丽·特鲁普（Eilidh Troup）是爱丁堡大学 EPCC 的应用顾问。她拥有 Glasgow 大学的遗传学学位，现在专注于为广大用户尤其是生物学家提供高性能计算。Eilidh 致力于各种软件项目，包括为基于网络的科学数据存储库提供简单的并行 R 接口（SPRINT）和 SEEK。

托斯顿·福斯特（Thorsten Forster）是爱丁堡大学的数据科学研究员。他具有统计学和计算机科学背景，并获得了生物医学科学博士学位，在这些交叉学科研究方面拥有超过 10 年的经验。

Thorsten 利用统计学和机器学习（如微阵列和下一代测序）研究生物医学的大数据分析方法，他曾经是 SPRINT 项目的项目经理，该项目的目标是允许潜在用户使用 R 统计编程语言对大型生物数据集应用并行分析解决方案。他还是 Fios Genomics 公司的联合创始人，该公司是一家大学孵化的提供生物医学大数据研究的数据分析服务公司。

目前，Thorsten 的工作是设计用于诊断新生儿细菌感染的基因转移分类器、分析巨噬细胞干扰素 γ 激活的转移谱、调查胆固醇对感染免疫的作用，以及研究导致儿童气喘的基因因素。

Thorsten 的完整资料可以在 http://tinyurl.com/ThorstenForsterUEDIN 上获得。

特伦斯·斯隆（Terence Sloan）是爱丁堡大学高性能计算中心 EPCC 的软件开发小组经理。他在苏格兰中小企业、英国公司以及欧洲和全球合作方面拥有超过 25 年的管理和参与数据科学和高性能计算项目的经验。

Terry 获得过 Wellcome Trust（基金号 086696/Z/08/Z）、BBSRC（基金号 BB/J019283/1）研究基金，以及帮助开发 R 语言 SPRINT 添加包的 3 个 EPSRC 分布式计算科学基

金。他在使用行为大数据进行客户行为分析方面获得过 ESRC 奖（获奖号 RES-189-25-0066、RES-149-25-0005）。

Terry 是爱丁堡大学 HPC 数据科学硕士项目的 HPC 数据分析、项目准备和论文课程的责任人。

我要感谢 Alan Simpson 博士，他是 EPCC 的技术总监、ARCHER 超级计算机的计算科学和工程总监，感谢他支持 SPRINT 的开发及其在英国国家超级计算机上的应用。

目　录 *Contents*

简单的 R 并行性

在本章中，你将通过快速学习开发笔记本电脑的多核处理能力来开始探索 R 语言的并行性的旅程。我们首先看看如何利用云的巨大计算能力。

你将学习 lapply() 及其变体，它们是由 R 的核心并行包以及可以让我们利用**亚马逊网络服务**（AWS）和**弹性地图减少**（EMR）服务的 segue 包支持的。对于后者，你将需要 AWS 建立的账户。

本章使用的例子是一个称为亚里士多德数谜的古老谜题的迭代求解程序。希望这对于你是新的东西，并可以激起你的兴趣。特别选择了一个当并行运行代码时会出现的一个重要问题（即不平衡计算）来进行演示。它也将有助于发展我们的性能基准测试的技能（在并行性中的一个重要考虑），即测量整体计算效率。

本章的例子使用 RStudio 0.98.1062 以及 64 位 R 3.1.0（CRAN 分布），运行在 mid-2014 苹果 MacBook Pro X 10.9.4 上（处理器是 2.6 GHz 的英特尔酷睿 i5，内存为 16GB）。本章中的一些例子无法在 Microsoft Windows 上运行，但应该可以在 Linux 的所有版本上运行。

1.1 亚里士多德数谜

我们将要解决的谜题是亚里士多德数谜，它是一个六角幻方。谜题需要我们将编号从 1 到 19 的 19 个小薄板放到六角网格中，使六边形板上的每一个水平行和每一个对角对应连线上的小薄板的编号相加都是 38。在图 1-1 中，左边是一个尚未解决的谜题，展示放置小薄板从左上角到右上角的六角网格布局。这幅图的旁边，展示了谜题的部分解，其中两行（小薄板从 16 和 11 开始）和 4 条对角线加起来都是 38，位置 1、3、8、10、12、17 和 19 是空单元，还有 7 个未填充的小薄板，为 2、8、9、12、13、15 和 17。

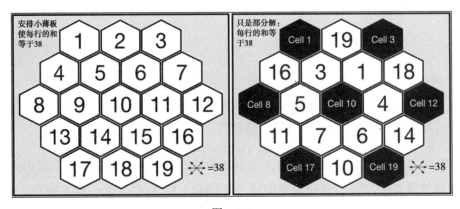

图　1-1

有数学头脑的人可能已经注意到可能的小薄板布局的数量为 19 的阶乘。也就是说，总共有 121 645 100 408 832 000 种不同的组合（忽略旋转和镜面对称）。即使利用现代的微处理器，显然也需要相当一段时间来寻找在这 12.1 亿亿种组合中的一个有效解。

我们将使用深度优先迭代搜索算法来解决这个谜题，用有限的内存换取计算周期。在不付出巨大代价的情况下，我们不能轻易存储每一种可能的布局。

1.1.1 求解程序的实现

我们首先考虑如何表示六角形板。最简单的方法是使用一个长度为 19 的一维 R 向量，其中向量的指标 i 表示六角形板的第 i 个单元。小薄板还未放入行中，板上向

量 "单元" 的值应该为数字 0。

```
empty_board   <- c(0,0,0,0,0,0,0,0,0,0,0,0,0,0,0,0,0,0,0)
partial_board <- c(0,19,0,16,3,1,18,0,5,0,4,0,11,7,6,14,0,10,0)
```

接下来，让我们定义一个函数来估计小薄板的布局是否表示一个有效解。作为
上面工作的一部分，我们需要指定单元或 "行" 的不同组合，它们相加得到目标值
必须是 38，如下所示：

```
all_lines <- list(
  c(1,2,3),         c(1,4,8),         c(1,5,10,15,19),
  c(2,5,9,13),      c(2,6,11,16),     c(3,7,12),
  c(3,6,10,14,17),  c(4,5,6,7),       c(4,9,14,18),
  c(7,11,15,18),    c(8,9,10,11,12),  c(8,13,17),
  c(12,16,19),      c(13,14,15,16),   c(17,18,19)
)
evaluateBoard <- function(board)
{
  for (line in all_lines) {
    total <- 0
    for (cell in line) {
      total <- total + board[cell]
    }
    if (total != 38) return(FALSE)
  }
  return(TRUE) # We have a winner!
}
```

为了实现深度优先求解程序，我们需要处理剩余小薄板的列表来寻找下一个小
薄板的位置。为此，我们通过在向量中的第一个和最后一个分量上使用入栈和出
栈函数来利用简单栈上的变化。为了让它有所不同，我们将它实现为类，并称为
序列。

这是一个简单的 S3- 类序列，它通过内部维持向量中栈的状态实现了一个双头 /
双尾栈：

```
sequence <- function()
{
  sequence <- new.env()      # Shared state for class instance
  sequence$.vec <- vector()  # Internal state of the stack
  sequence$getVector <- function() return (.vec)
  sequence$pushHead <- function(val) .vec <<- c(val, .vec)
  sequence$pushTail <- function(val) .vec <<- c(.vec, val)
  sequence$popHead <- function() {
```

```
    val <- .vec[1]
    .vec <<- .vec[-1]              # Update must apply to shared state
    return(val)
    }
    sequence$popTail <- function() {
      val <- .vec[length(.vec)]
      .vec <<- .vec[-length(.vec)]
      return(val)
    }
    sequence$size <- function() return( length(.vec) )
    # Each sequence method needs to use the shared state of the
    # class instance, rather than its own function environment
    environment(sequence$size)      <- as.environment(sequence)
    environment(sequence$popHead)   <- as.environment(sequence)
    environment(sequence$popTail)   <- as.environment(sequence)
    environment(sequence$pushHead)  <- as.environment(sequence)
    environment(sequence$pushTail)  <- as.environment(sequence)
    environment(sequence$getVector) <- as.environment(sequence)
    class(sequence) <- "sequence"
    return(sequence)
  }
```

从一些例子的使用中,可以很容易理解序列的实现,如下所示:

```
> s <- sequence()      ## Create an instance s of sequence
> s$pushHead(c(1:5))   ## Initialize s with numbers 1 to 5
> s$getVector()
[1] 1 2 3 4 5
> s$popHead()          ## Take the first element from s
[1] 1
> s$getVector()        ## The number 1 has been removed from s
[1] 2 3 4 5
> s$pushTail(1)        ## Add number 1 as the last element in s
> s$getVector()
[1] 2 3 4 5 1
```

我们几乎完成了。这里是placeTiles()函数的实现,placeTiles()函数用来执行深度优先搜索:

```
01 placeTiles <- function(cells,board,tilesRemaining)
02 {
03  for (cell in cells) {
04    if (board[cell] != 0) next # Skip cell if not empty
05    maxTries <- tilesRemaining$size()
06    for (t in 1:maxTries) {
07      board[cell] = tilesRemaining$popHead()
```

```
08        retval <- placeTiles(cells,board,tilesRemaining)
09        if (retval$Success) return(retval)
10        tilesRemaining$pushTail(board[cell])
11      }
12      board[cell] = 0 # Mark this cell as empty
13      # All available tiles for this cell tried without success
14      return( list(Success = FALSE, Board = board) )
15    }
16    success <- evaluateBoard(board)
17    return( list(Success = success, Board = board) )
18  }
```

该函数利用递归将每一个随后的小薄板放到接下来的可用单元中。因为最多有 19 个小薄板要放置，所以递归将下降到最多 19 的水平上（行 08）。递归将在没有余下的小薄板可以放置到六角形板上时结束，并且然后对板进行评估（行 16）。一次成功的评估将立即展开递归栈（行 09），给调用者传送板的最终完成状态（行 17）。一次不成功的评估将递归调用的栈后退一步，然后尝试下一个余下的小薄板。一旦一个给定单元中的所有小薄板都用完了后，递归将展开先前的单元，尝试序列中下一个小薄板，递归将再次进行，等等。

函数 placeTiles() 可以使我们有效地测试一个部分解，让我们尝试本章开始的部分小薄板放置。执行以下代码：

```
> board <- c(0,19,0,16,3,1,18,0,5,0,4,0,11,7,6,14,0,10,0)
> tiles <- sequence()
> tiles$pushHead(c(2,8,9,12,13,15,17))
> cells <- c(1,3,8,10,12,17,19)
> placeTiles(cells,board,tiles)
$Success
[1] FALSE
$Board
[1]  0 19  0 16  3  1 18  0  5  0  4  0 11  7  6 14  0 10  0
```

 下载示例代码

你可以从 http://www.packtpub.com 上的账户中下载本书中的示例代码。如果你在其他地方购买了本书，可以访问 http://www.packtpub.cpm/support 并注册，示例代码文件将通过电子邮件发给你。

可以通过以下步骤下载代码文件：

- ❑ 使用你的电子邮件地址和密码登录或注册我们的网站。
- ❑ 鼠标悬停在顶部的 SUPPORT 选项卡上。
- ❑ 单击 Code Downloads & Errata。
- ❑ 在 Search 框中输入书名。
- ❑ 选择你想下载代码文件的书。
- ❑ 从下拉菜单中选择你是从哪里购买这本书的。
- ❑ 单击 Code Download。

你还可以通过在 Packt 出版社网站中的本书网页上单击 Code Files 按钮来下载该代码文件。这个页面可以通过在 Search 框输入书名来访问。请注意，你需要登录到你的 Packt 账户。

一旦下载了文件，请确保你的解压缩或提取文件程序是最新版本：

- ❑ Windows 系统的 WinRAR/7-Zip
- ❑ Mac 系统的 Zipeg/iZip/UnRarX
- ❑ Linux 系统的 7-Zip/PeaZip

本书的代码包也存储在 https://github.com/PacktPublishing/repositoryname 上的 GitHub 中。从 https://github.com/PacktPublishing/ 上丰富的书籍目录和视频中，我们也可以下载其他的代码包。把它们找出来！

遗憾的是，我们的部分解并不会产生一个完全解。显然，我们还需要更加努力。

1.1.2 改进求解程序

在我们讨论并行求解程序之前，首先研究目前的串行执行的效率。在现有的 place-Tiles() 实现中，放置六角形小薄板直到板完成，然后对它进行评估。我们以前测试的部分解有 7 个未处理的单元，需要调用 7!=5040 次 evaluateBoard()，并且总共有 13 699 种小薄板放置方法。

我们可以进行的最明显的改良是当我们放置小薄板时对每个小薄板进行测试，然后检查目前的部分解是否是正确的，而不是等到所有的小薄板都放置完。直观地说，这将显著地减少我们必须检测的六角形板的布局数量。让我们实现这一改变，然后比较性能的差异，并了解从这样额外的实现工作中带来的收益：

```
 cell_lines <- list(
   list( c(1,2,3),    c(1,4,8),    c(1,5,10,15,19) ), #Cell 1
.. # Cell lines 2 to 18 removed for brevity
   list( c(12,16,19), c(17,18,19), c(1,5,10,15,19) )  #Cell 19
 )
 evaluateCell <- function(board,cellplaced)
 {
   for (lines in cell_lines[cellplaced]) {
     for (line in lines) {
       total <- 0
       checkExact <- TRUE
       for (cell in line) {
         if (board[cell] == 0) checkExact <- FALSE
         else total <- total + board[cell]
       }
       if ((checkExact && (total != 38)) || total > 38)
         return(FALSE)
     }
   }
   return(TRUE)
 }
```

为提高效率，evaluateCell() 函数确定需要检查哪些行，基于执行直接检查
cell-Lines 放置的单元。cell-Lines 数据结构很容易从 all_Lines 中进行编译
（你甚至可以编写一些简单的代码来生成它）。板上的每一个单元都需要 3 个特定行进
行测试。因为任意给定的测试行可能没有填满小薄板，所以 evaluateCell() 包含
了一个检查来确保它只适用于当行完整时和为 38 的测试。对于一个不完整行，检测
是为了保证和不超过 38。

我们现在可以增强 placeTiles() 来调用 evaluateCell()，如下所示：

```
01 placeTiles <- function(cells,board,tilesRemaining)
..
06    for (t in 1:maxTries) {
07      board[cell] = tilesRemaining$popHead()
++      if (evaluateCell(board,cell)) {
08        retval <- placeTiles(cells,board,tilesRemaining)
09        if (retval$Success) return(retval)
++      }
10      tilesRemaining$pushTail(board[cell])
11    }
..
```

测量执行时间

在应用这种改变之前，需要先基准测试当前的 placeTiles() 函数，这样我们

才能判断最终的性能改善。为此，我们介绍一个简单的时间函数 teval()，这个函数将使我们能够准确测量在执行给定的 R 函数时，处理器完成了多少工作。观察以下代码：

```
teval <- function(...) {
  gc(); # Perform a garbage collection before timing R function
  start <- proc.time()
  result <- eval(...)
  finish <- proc.time()
  return ( list(Duration=finish-start, Result=result) )
}
```

teval() 函数使用一个内部系统函数 pro.time() 来记录当前的活动用户和系统周期以及 R 进程的时钟时间（不幸的是，当在 Windows 系统上运行 R 时，该信息是不可用的）。它捕获测量的 R 表达式运行前后的这个状态并计算总体持续时间。为了有助于确保时间的一致性水平，调用一个抢占式的碎片收集，但应该注意的是，这并不会在时间周期内的任何一点排除 R 执行碎片收集。

因此，让我们在现有的 placeTIles() 上运行 teval()，如下所示：

```
> teval(placeTiles(cells,board,tiles))
$Duration
   user  system elapsed
  0.421   0.005   0.519
$Result
..
```

现在，让我们在 placeTiles() 中做一些改变以便调用 evaluateCell()，然后通过以下代码再次运行它：

```
> teval(placeTiles(cells,board,tiles))
$Duration
   user  system elapsed
  0.002   0.000   0.002
$Result
..
```

这是一个非常棒的结果！这一改良使运行时间降低了 200 倍。显然，你自己的绝对时间可能会根据使用的机器而有所不同。

基准测试代码

对于真正的比较基准测试，我们应该多次运行测试并从一个完整系统启动运行，确保没有缓存的影响或者可能影响我们结果的系统资源占用问题。对于特定的简单示例代码，它并不执行文件 I/O 或网络通信，处理用户输入或使用大量内存，我们应该不会遇到这些问题。这类问题通常由多个运行时间内的显著变化表明，高百分比的系统时间或实际运算（elapsed）时间实质上大于用户＋系统时间。

这种性能分析和改进与本章后面的内容同样重要，我们将直接支付云上的 CPU 循环。因此，我们想要代码尽可能地高效。

代码植入

为了对我们代码的行为有一些更深入的了解，例如程序执行期间函数被调用了多少次，我们或者需要添加显式仪表，如计数器和打印语句，或者使用外部工具，如 Rprof。现在，我们要看看如何应用基本的 R 函数 trace() 提供一个通用机制来描述函数被调用的次数，如下所示：

```
profileFn <- function(fn)        ## Turn on tracing for "fn"
{
  assign("profile.counter",0,envir=globalenv())
  trace(fn,quote(assign("profile.counter",
                     get("profile.counter",envir=globalenv()) + 1,
                     envir=globalenv())), print=FALSE)
    }
    profileFnStats <- function(fn)  ## Get collected stats
    {
      count <- get("profile.counter",envir=globalenv())
      return( list(Function=fn,Count=count) )
    }
    unprofileFn <- function(fn)      ## Turn off tracing and tidy up
    {
      remove(list="profile.counter",envir=globalenv())
      untrace(fn)
    }
```

trace() 函数使我们能够每次调用被追踪的函数时执行一段代码。我们将利用这个函数来更新在全局环境中创建的一个特定的计数器（profile.counter）用来跟踪每次调用。

`trace()`

只有当跟踪显式编译为 R 本身时这个函数才是有效的。如果你正在使用 Mac OS 或 Microsoft Windows 的 R 的 CRAN 分布,那么这个设备就会被打开。跟踪引入一点,即使并未在代码中直接使用,因此它往往不编译为 R 生成环境。

我们可以展示 `profileFn()` 在我们的运行示例中的工作,如下所示:

```
> profile.counter
Error: object 'profile.counter' not found
> profileFn("evaluateCell")
[1] "evaluateCell"
> profile.counter
[1] 0
> placeTiles(cells,board,tiles)
..
> profileFnStats("evaluateCell")
$Function
[1] "evaluateCell"
$Count
[1] 59
> unprofileFn("evaluateCell")
> profile.counter
Error: object 'profile.counter' not found
```

这个结果表明,`evaluateCell()` 被调用的次数是之前的 `evaluateBoard()` 被调用次数的 59 倍,它被调用了 5096 次。这显著降低了运行时间和必须发现的组合搜索空间。

1.1.3 将问题分解为多个任务

并行性依赖于将问题分解为多个独立的工作单元。琐碎的(或有时它称为朴素并行性)将每一个单独的工作单元视为完全相互独立的。在这个方案中,当正在处理一个工作单元或任务时,没有与其他计算任务相互作用或共享信息的计算需求,不论现在、之前或以后。

对于我们的数谜,常见的方法是将问题分为 19 个独立的任务,其中每个任务是放置不同编号的小薄板在板上的单元 1 位置上，任务是探索搜索空间，寻找一个源于单一小薄板起始位置的解。然而，这只给了我们一个 19 的最大并行度，意味着我们探索空间的速度最大可以达到串行的 19 倍。我们还需要考虑整体效率。每个起始位置都带来相同的计算量吗？总之，不是。因为我们使用深度优先算法，当它找到一个正确的解时会立即结束任务，相反，一个不正确的起始位置可能会导致更大的、变化的、不可避免的毫无结果的搜索空间。因此我们的任务不是均衡的，将需要完成不同计算量的计算工作。我们也无法预测哪项任务会消耗更长时间来计算，因为我们不知道哪个起始位置会导致正确的先验解。

 非均衡的计算

这种情况多见于典型的大量实际问题，即我们在复杂的搜索空间中寻找一个最优或接近最优的解，例如，寻找最有效的路线和方法来环游一组目的地或规划最有效率利用人力和物力来安排一系列活动。非均衡计算是一个重要的问题，其中在所有计算完成前，我们完全承诺计算资源并有效地等待执行最慢的任务。与串行中的运行相比，这会降低我们的并行加速比（speed up），它也可能意味着计算资源在大量时间内是空闲的而不是在做有用的工作。

为了提高我们的总体效率和并行性的机会，我们将问题划分为许多较小的计算任务，我们将利用一个特定功能的谜题来显著减少总体搜索空间。

我们将产生板的第一行（顶部）的前 3 个小薄板，单元为 1 到 3。我们预计这会给我们带来 19×18×17＝5814 种小薄板组合。然而，这些组合中只有一部分的和为 38。1＋2＋3 与 17＋18＋19 显然是无效的。我们也可以消除镜像组合。例如，板的第一行 1＋18＋19 将产生一个等价的搜索空间 19＋18＋1，因此我们只需要考虑其中之一。

这是函数 generateTriples() 的代码。你会注意到我们使用 6 个字符的字符串表示 3 个小薄板来简化镜像测试，这也恰好可以合理、简洁、高效地实现：

```
generateTriples <- function()
{
  triples <- list()
  for (x in 1:19) {
    for (y in 1:19) {
```

```
if (y == x) next
for (z in 1:19) {
  if (z == x || z == y || x+y+z != 38) next
  mirror <- FALSE
  reversed <- sprintf("%02d%02d%02d",z,y,x)
  for (t in triples) {
    if (reversed == t) {
      mirror <- TRUE
      break
    }
  }
    if (!mirror) {
      triples[length(triples)+1] <-
            sprintf("%02d%02d%02d",x,y,z)
    }
  }
 }
}
return (triples)
}
```

如果运行这段代码，它将产生 90 个不同的三元组，显著节省了超过 5814 个起始位置：

```
> teval(generateTriples())
$Duration
   user   system elapsed
  0.025   0.001   0.105
$Result[[1]]
[1] "011819"
  ..
$Result[[90]]
[1] "180119"
```

使用 lapply() 执行多个任务

既然我们有一个有效定义的板的起始位置，那么可以看看如何管理分布式计算任务的设置。我们从 lapply() 开始，这使我们可以测试任务执行并制订程序结构，为此我们可以做一个简单的替换来并行运行。

lapply() 函数有两个参数。第一个是对象的列表，它作为用户定义函数的输入；第二个是可调用的用户定义函数，每次对于每个单独的输入对象，它会返回每个函数调用的结果集合（作为一个单独的列表）。我们将重新打包求解程序，使它更容易与 lapply() 一起使用，求解程序包含迄今为止在整体 solver() 函数中我们开发的多种函数和数据结构，如下所示（求解程序的完整代码可以在本书的网站上获取）：

```
solver <- function(triple)
{
  all_lines <- list(..
  cell_lines <- list(..
  sequence <- function(..
  evaluateBoard <- function(..
  evaluateCell <- function(..
  placeTiles <- function(..
  teval <- function(..

  ## The main body of the solver
  tile1 <- as.integer(substr(triple,1,2))
  tile2 <- as.integer(substr(triple,3,4))
  tile3 <- as.integer(substr(triple,5,6))
  board <- c(tile1,tile2,tile3,0,0,0,0,0,0,0,0,0,0,0,0,0,0,0)
  cells <- c(4,5,6,7,8,9,10,11,12,13,14,15,16,17,18,19)
  tiles <- sequence()
  for (t in 1:19) {
    if (t == tile1 || t == tile2 || t == tile3) next
    tiles$pushHead(t)
  }
  result <- teval(placeTiles(cells,board,tiles))
  return( list(Triple = triple, Result = result$Result,
               Duration= result$Duration) )
}
```

让我们选择 4 个三元组小薄板来运行求解程序：

```
> tri <- generateTriples()
> tasks <- list(tri[[1]],tri[[21]],tri[[41]],tri[[61]])
> teval(lapply(tasks,solver))
$Duration                  ## Overall
   user   system elapsed
171.934   0.216 172.257
$Result[[1]]$Duration    ## Triple "011819"
   user   system elapsed
  1.113    0.001   1.114
$Result[[2]]$Duration    ## Triple "061517"
   user   system elapsed
 39.536    0.054   39.615
```

```
$Result[[3]]$Duration    ## Triple "091019"
   user  system elapsed
 65.541   0.089  65.689
$Result[[4]]$Duration    ## Triple "111215"
   user  system elapsed
 65.609   0.072  65.704
```

为了简洁和清晰，前面的输出已经进行了修整和批注。要注意的关键问题是，对于 4 个起始三元组的每一个搜索空间，在笔记本电脑上的运行时间（elapsed 时间）却有很大不同，没有一个可以得到数谜的解。我们可以（也许）了解，如果串行运行完整的三元组系列，至少需要 90 分钟。不过，如果并行运行我们的代码，可以更快地解决这个谜题。那么，事不宜迟 ......

1.2 R 的并行包

R 的并行（parallel）包如今是 R 的核心分布的一部分。它包括许多不同的机制，使你可以利用多核处理器开发并行性，并对分布在网络（像机器集群）上的资源进行运算。然而，因为本章的主题就是简易，所以我们将坚持使你运行 R 的机器上的大部分资源可用。

你需要做的第一件事是启用并行包。你可以只是用 R 的 library() 函数来加载它，或者如果你使用 RStudio，你可以在 Packages 选项上的 User Library 列表中选择相应的条目。你需要做的第二件事是通过调用并行包函数 detectCores() 来确定可以利用多少并行资源，如下所示：

```
> library("parallel")
> detectCores()
[1] 4
```

因为我们能立即注意到，在我的苹果笔记本电脑上，有 4 个核心可以并行执行 R 程序。使用 Mac 的 Activity Monitor（活动监视器）应用程序并从 Window（窗口）菜单中选择 CPU History（中央处理器历史）选项可以容易验证它。你应该可以看到类似图 1-2 的图形，每一个核心都有一个时间轴图。

绘制的条形图中的白色元素表示在用户的代码中 CPU 使用的比例，深灰色元素代表在系统代码中花费时间所占的比例。你可以将图形更新的频率更改为每秒一次。类似的多核处理器历史也可以在微软 Windows 中使用。当运行并行代码时，打开这种类型的视图是十分有价值的，代码使用多核心时你可以直接观察到。你也可以看到在机器上进行的其他可能影响 R 代码并行运行的活动。

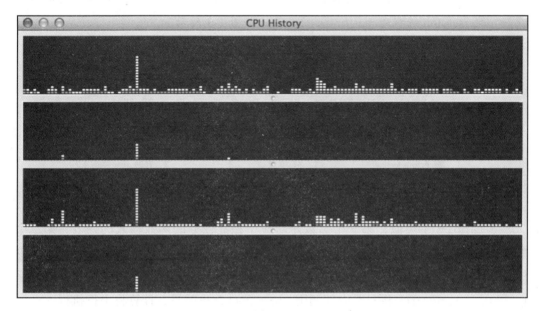

图　1-2

1.2.1　使用 mclapply()

在 R 中实现并行性最简单的机制是使用 lapply() 的多核并行变体，称为（逻辑上）mclapply()。

 仅在 UNIX 上使用的 mclapply() 函数

当你只有在 Mac OS X 或 Linux 或其他 UNIX 的变体上运行 R 时才能使用 mclapply() 函数。它是用 UNIX fork() 系统调用实现的，因此不能在 Windows 系统上使用。请放心，我们将给出与 Windows 系统兼容的解决方案。UNIX fork() 系统调用通过复制当前运行的进程（包括其全部内存状态、打开的文件描述符和其他进程资源，更重要的是，从 R 的角度来看，任何当前加载的库）作为一系列独立的子进程，这些子进程将继续独立运行直到它们执行 exit() 系统调用，这时主进程将收集它们的结果状态。一旦所有的子进程都结束，fork() 将完成。所有这些行为都打包在 mclapply() 的调用中。在 Mac OS X 中，如果你在 Activity Monitor（活动监视器）中查看正在运行的进程，你会发现当调用 mclapply() 时具有高 CPU 利用率派生 rsession 进程的 mc.core 的数量，如图 1-3 所示。

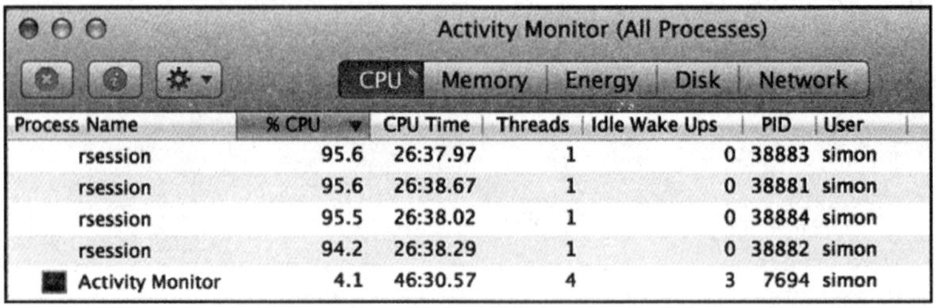

图　1-3

与 lapply() 类似，第一个参数是对应于独立任务的函数输入的列表，第二个参数是每个任务执行的函数。一个可选的参数 mc.cores 允许我们指定要使用多少核心，也就是，我们想使用的并行度。如果你运行 detectCores()，并且结果是1，那么 mclapply() 将只是内部调用 lapply()，也就是，计算将串行执行。

让我们通过一个三元组小薄板的子集作为起始位置开始运行 mclapply()，为了比较，与之前调用 lapply() 函数时使用相同的设置，如下所示：

```
> tri <- generateTriples()
> tasks <- list(tri[[1]],tri[[21]],tri[[41]],tri[[61]])
> teval(mclapply(tasks,solver,mc.cores=detectCores()))
$Duration                ## Overall
   user   system elapsed
146.412   0.433   87.621
$Result[[1]]$Duration    ## Triple "011819"
   user   system elapsed
  2.182   0.010   2.274

$Result[[2]]$Duration    ## Triple "061517"
   user   system elapsed
 58.686   0.108   59.391
$Result[[3]]$Duration    ## Triple "091019"
```

```
     user   system elapsed
   85.353    0.147  86.198
$Result[[4]]$Duration    ## Triple "111215"
     user   system elapsed
   86.604    0.152  87.498
```

为了简洁和清晰，前面的输出也是经过修整和批注的。你可以立即注意到，执行所有任务的总运行时间并未超过计算 4 个任务的最长运行时间。通过同时利用所有可用的 4 个核心，我们已经设法显著减少运行时间，使运行时间从串行运行的 178 秒降低到只有 87 秒。但是，87 秒只是 178 秒的一半，你可能认为我们会看到运行加速比串行高 4 倍以上。你可能也注意到了，相比串行运行，我们的单个任务的运行时间增加了——例如，三元组 111215 从 65 秒增加到 87 秒。变化的部分原因是，分叉（forking）机制的开销以及启动一个新的子进程、分配任务、收集结果并结束任务所用的时间。好消息是这种开销可以通过在每个并行进程中计算大量的任务来进行分摊。

另一个需要考虑的是，我的 Macbook 笔记本电脑使用英特尔酷睿 i5 处理器，在实践中，相当于两个 1.5 核心，它利用两个处理器核心的超线程提高了性能，虽然有一定局限性，但它仍然被操作系统视为 4 个独立工作的核心。如果在我的笔记本电脑的两个核心上运行前面的示例代码，总体运行时间为 107 秒。两次超线程，因此，性能额外提升 20%，这虽然好，但仍远低于预期的 50% 的性能提升。

我相信此时，如果你还没有这样做，你会马上在所有 90 个起始三元组小薄板中并行运行求解程序，然后得到亚里士多德数谜的解，尽管你可能想在程序运行时喝咖啡休息一下或者去吃午饭……

mclapply() 的参数

函数 mclapply() 的性能是我们迄今为止遇到过最好的。下表总结了这些扩展功能并简要介绍了它们最适当的应用。

```
mclapply(X, FUN, ..., mc.preschedule=TRUE, mc.set.seed=TRUE,
        mc.silent=FALSE, mc.cores=getOption("mc.cores",2L),
        mc.cleanup=TRUE, mc.allow.recursive=TRUE)
returns: list of FUN results, where length(returns)=length(X)
```

参数 [默认＝值]	描　　述
X	这是通过用户定义的 FUN 函数来表示计算任务条目的列表（或向量）
FUN	这是执行每个任务的用户定义函数。FUN 会被多次调用：FUN(x,...)，其中 x 是 X 中需要计算的其余任务条目之一，并且 ... 与传入 mclapply() 的额外参数相匹配
...	每次任务执行，每个额外的非 mclapply() 参数都直接传给 FUN
mc.preschedule [默认＝TRUE]	如果是 TURE，那么对每个请求的核心，将一个进程分叉，在核心间"循环"命令对任务进行尽可能均匀的分割，并且每个子进程执行分配它的任务。对于大部分的并行工作负载，这通常是最好的选择 如果是 FALSE，那么对每个执行的任务，重新分叉一个新的子进程。这个参数是十分有用的，其中任务需要相对长的计算时间，但在计算时间上会出现明显的变化，因为它允许使用一定程度的自适应负载来平衡每个任务分叉逐渐增加的开销，而不是每个核心的分叉 在这两种情况下，当执行 mcapply() 时在任何给定时间上运行的 mc.cores 子进程数都有一个最大值
mc.set.seed [默认＝TURE]	这个参数的行为是由当前 R 会话中使用的**随机数产生器**（RNG）的类型控制的 如果它是 TURE 并选择合适 RNG，那么该子进程将与选择的特定的随机数序列一起启动，这样以后调用相同参数的 mclapply() 函数将得到相同的结果（假定计算使用的是特定的 RNG）。否则，就是参数为 FALSE 的情况 如果它是 FALSE，那么该子进程在其开始执行时继承父进程 R 会话的随机数状态，它可能很难产生可复制的结果 在线的章节中，有关于并行代码的一致随机数生成
mc.silent [默认＝FALSE]	如果它是 TURE，那么任何到标准输出流的输出将被阻断（如 print 语句输出） 如果它是 FALSE，那么标准输出不受影响。不过，也参考此表的说明 在这两种情况下，到标准错误流的输出不受影响
mc.cores [默认＝2 或如果定义 getOption ("mc.cores")]	这个参数设置使用并行度，可以说它是名不副实的，它实际上控制着执行任务同时运行的进程数，它可以超过物理处理器核心数。对于某些类型的并行工作负载，例如一小部分长时间运行但可变的计算任务，其可以生成中间结果（例如，文件系统或消息传递）。这甚至是有帮助的，它允许进程的操作系统时间片分割，以确保一系列任务平等地进行。当然，缺点是运行进程之间切换的开销不断增加 这个约束的上限取决于操作系统和机器资源，但总的来说，相对于 1000 秒，它是 100 秒
mc.cleanup [默认＝TURE]	如果它是 TURE，那么子进程将由父进程强行终止 如果它是 FALSE，那么子进程可能会在 mclapply() 完成后仍然继续运行。后者对于连接到正在运行的进程的后计算调试可能是有用的 在这两种情况下，mclapply() 等待直到所有的子进程结束并返回计算结果的组合
mc.allow. recursive [默认＝TURE]	如果它是 TURE，那么 FUN 可以自己调用 mclapply() 或者运行可以调用 mclapply() 的代码。总之，这种递归只适用于外部形式的并行编程 如果它是 FALSE，那么试图调用 mclapply() 的递归将只在内部调用 lapply() 并在子进程中串行运行

让我们看看这个提示。

 并行中的 print() 函数

在 Rstudio 中，并行运行 mclapply() 时，输出并不直接显示在屏幕上。如果你希望生成输出消息或其他控制台输出，你应该直接用命令 shell 而不是用 Rstudio 运行程序。一般而言，由于它会引起一系列并发症，多个进程试图与图形用户界面（GUI）进行交互，所以 mclapply() 的作者并不推荐从图形用户界面的控制台运行并行 R 代码。例如，并行运行时，它并不适合绘制图形用户界面的图形。然而，对于我们的求解程序，你不会遇到任何特定的问题。值得注意的是，由于消息可能会交错并且难以识别，所以多个进程对同一个输出流写入消息会变得混乱，这取决于输出流如何缓冲 I/O。下一章我们将回到并行 I/O 的主题。

1.2.2　使用 parLapply()

mclapply() 函数与更通用的 parallel（并行）软件包 parLapply() 函数密切相关。关键的区别是，我们分别使用 makeCluster()、parLapply() 创建并行 R 进程的集群，然后在并行运行函数时利用这个集群。这种方法有两个重要的优点。第一，用 makeCluster()，我们可以创建并行进程池的不同基础实现，包括类似于 mclapply() 内部使用的分叉进程集群（FORK）、可以在微软 Windows、OS X 与 Linux 上运行的基于套接字的集群（PSOCK）和最适合我们环境的基于消息传递（MPI）的集群。第二，创建和配置集群的系统开销（在后面的章节中，我们将访问集群的 R 配置表）是平摊的，因为它可以在会话中不断重复使用。

PSOCK 和 MPI 类型的集群也能够使 R 利用网络中的多台机器并进行真正的分布式计算（机器可能运行不同的操作系统）。但是，现在，我们将重点放在 PSOCK 集群类型和如何在一台计算机环境下使用它。我们将在第 2 章、第 3 章、第 4 章中详细介绍 MPI。

让我们直接进入主题，运行以下代码：

```
> cluster <- makeCluster(detectCores(),"PSOCK")
```

```
> tri <- generateTriples()
> tasks <- list(tri[[1]],tri[[21]],tri[[41]],tri[[61]])
> teval(parLapply(cluster,tasks,solver))
$Duration              ## Overall
   user  system elapsed
  0.119   0.148  83.820
$Result[[1]]$Duration  ## Triple "011819"
   user  system elapsed
  2.055   0.008   2.118
$Result[[2]]$Duration  ## Triple "061517"
   user  system elapsed
 55.603   0.156  56.749
$Result[[3]]$Duration  ## Triple "091019"
   user  system elapsed
 81.949   0.208  83.195
$Result[[4]]$Duration  ## Triple "111215"
   user  system elapsed
 82.591   0.196  83.788

> stopCluster(cluster)  ## Shutdown the cluster (reap processes)
```

你可能立即从之前产生的时间结果中注意到，将总体用户时间记录为可忽略的。这是因为在启动过程中，主要的 R 会话（简称主会话）并不执行任何计算，所有的计算都是由集群进行计算的。主会话仅仅需要发送任务到集群，然后等待返回的结果。

当在这种模式下运行集群时，在集群中进程（称为工作者）之间的计算不平衡也是十分明显的。图 1-4 显示得十分清楚，集群中的每个 R 工作者进程在可变化的时间内计算单个任务，当 PID 41551 进程在超过 1 分 20 秒的时间内忙于计算它的任务时，PID 41527 进程在 2 秒后闲置。

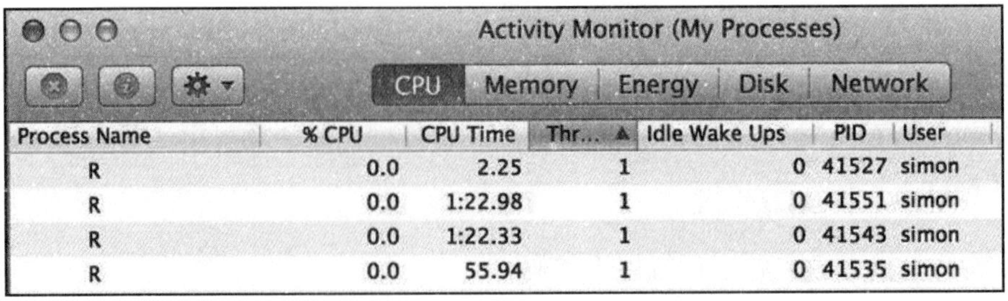

Activity Monitor (My Processes)						
	CPU	Memory	Energy	Disk	Network	
Process Name	% CPU	CPU Time	Thr... ▲	Idle Wake Ups	PID	User
R	0.0	2.25	1	0	41527	simon
R	0.0	1:22.98	1	0	41551	simon
R	0.0	1:22.33	1	0	41543	simon
R	0.0	55.94	1	0	41535	simon

图 1-4

在集群需要执行的任务数量逐渐增加时，假定随机分配给工作者的任务应该提高效率，我们仍然可以以一个小于最优总体资源利用率作为结束。我们需要的是更高的自适应性，只要工作者进程空闲，就给其动态分发任务。幸运的是，parLapply() 的一个变体可以完成这个……

其他的 parApply 函数

有一系列的集群函数以适应不同类型的工作负载，例如并行处理 R 矩阵。这里对它们进行简要的总结：

❑ parSapply()：这是 sapply() 的并行变体，它将返回类型（如果可能）简化为向量、矩阵或数组。

❑ parCapply()、parRapply()：这些分别是应用于矩阵的行和列的并行操作。

❑ parLapplyLB()、parSapplyLB()：这些是与它们相似命名函数的负载均衡版本。负载均衡将在下一节介绍。

❑ clusterApply()、clusterApplyLB()：这些是由所有 parApply 函数使用的通用应用和负载均衡应用。这些将在下一节介绍。

❑ clusterMap()：这是 mapply() 或 map() 的并行变体，使得对于每个任务，调用的函数都有各自的参数值，有可选的返回简化类型（如 sapply()）。

通过在 R 中键入 help(clusterApply)，可以得到更多的帮助信息。

我们在本章将继续关注处理任务的列表。

1.2.3　并行负载均衡

parLapplyLB() 函数是 parLapply() 的负载均衡版本。这两个函数本质上都是在内部分别直接调用 parallel（并行）包函数 clusterApplyLB() 和 clusterApply() 的轻量级封装器。但是，重要的是了解在调用相关的 cluster-Apply 函数前，parLapply 函数将一系列任务分割成与工作者的数量相匹配的许多大小相等的子任务。

如果你直接调用 clusterApply()，它只会处理在集群大小的块中出现的任务

列表，即集群中的工作者数量。它是按顺序完成的，假设有 4 个工作者，那么任务 1
到工作者 1，任务 2 到工作者 2，任务 3 到工作者 3，任务 4 到工作者 4，任务 5 将
到工作者 1，任务 6 到工作者 2，等等。然而，值得注意的是，clusterApply 也等
待这个块中的所有任务的每个任务块都完成后才移动到下一个块。

我们可以发现在下面的代码片段中，有重要的性能影响。在这个例子中，我们
将使用 90 个小薄板三元组的一个特定的子集（16）来演示这一点：

```
> cluster <- makeCluster(4,"PSOCK")
> tri <- generateTriples()
> triples <- list(tri[[1]],tri[[20]],tri[[70]],tri[[85]],
                  tri[[2]],tri[[21]],tri[[71]],tri[[86]],
                  tri[[3]],tri[[22]],tri[[72]],tri[[87]],
                  tri[[4]],tri[[23]],tri[[73]],tri[[88]])
> teval(clusterApply(cluster,triples,solver))
$Duration
   user   system elapsed
  0.613    0.778 449.873
> stopCluster(cluster)
```

Process Name	% CPU	CPU Time	Thr... ▲	Idle Wake Ups	PID	User
R	0.0	6:34.15	1	0	42720	simon
R	0.0	3:34.99	1	0	42712	simon
R	0.0	8.36	1	0	42704	simon
R	0.0	7:26.65	1	0	42728	simon

前面的结果说明，由于每个任务的计算时间不同，所以在给它们分配下一个计
算任务前，工作者会等待块中最长的工作完成。如果你观察执行过程中的进程利用
率，你将视此行为为最轻加载进程，尤其是，在每四块的开始突然活跃。这种情况
的效率很低，会导致显著延长的运行时间，最坏的情况下，与串行运行相比，并行
没有自己的优势。值得注意的是，parLapply() 避免了这种情况的发生，因为它先
将需要完成的任务精确分割为集群大小 lapply() 元任务，并且 clusterApply()
只在一个任务块上执行。但是一个不好工作的最初分割会影响 parLapply 函数的整
体表现。

相比之下，clusterApplyLB() 一次为一个工作者分配任务，每当一个让工作
者完成了它的任务时，它立即将下一个工作分发给第一个可用的工作者。由于交流

的增加，这个过程需要一些额外的开销来进行管理，并且如果工作者在相同的时间点完成了它们先前的任务，那么它们可能排队等待分配下一个任务。因此，在每个任务的计算中，都需要有很大的变化，大部分任务都需要许多时间来进行计算。

在我们的运行示例中使用 clusterApplyLB() 会导致整体运行时间的改善（10% 左右），显著提高了所有工作者进程中的利用率，如下所示：

```
> cluster <- makeCluster(4,"PSOCK")
> teval(clusterApplyLB(cluster,triples,solver))
$Duration
   user   system  elapsed
  0.586    0.841  421.859
> stopCluster(cluster)
```

Process Name	% CPU	CPU Time	Thr... ▲	Idle Wake Ups	PID	User
R	0.0	6:51.47	1	0	43092	simon
R	0.0	6:14.22	1	0	43084	simon
R	0.0	6:12.69	1	0	43076	simon
R	0.0	5:14.08	1	0	43100	simon

这里强调的最后一点是，分布工作负载的先验均衡可能是最有效的选择，当可能这么做时。对于运行示例，执行按 parLapply() 排列的顺序选定的 16 个三元组，会导致最短的运行时间，比 clusterApplyLB() 短 10 秒，这表明负载均衡相当于大约 3% 的开销。选定的三元组的顺序恰好与 parLapply() 函数的四工作者集群的任务包相匹配。但是，这是一个人工构造方案，对于所有的小薄板三元组变量任务负载，采用动态负载均衡是最好的选择。

1.3　segue 包

到目前为止，我们已看到在我们自己的计算机上如何并行运行 R。但是，由于其资源有限，我们自己的计算机只能做到这些了。为了使用基本上不受限制的计算，我们需要进入进一步的领域，对于我们这些没有自己的私人数据中心的人来说，我们需要云。提供云计算的市场先驱是亚马逊，以及它的 AWS 产品，特别是它的基于 Hadoop 的 EMR 服务可以提供可靠的和可扩展的并行计算。

幸运的是，有一个特别的 R 软件包 segue，它由 James "JD" Long 编写并旨在简化建立 AWS EMR Hadoop 集群并从 R 会话中直接利用它运行在我们自己的计算机上的全过程。segue 包最适合用于运行大规模仿真或优化问题（即只有少量数据但是需要大量运算的问题）因此，适合我们的谜题求解程序。

在我们开始使用 segue 前，有几个先决条件我们需要解决：首先，安装 segue 包及其依赖的包；其次，确保我们有一个合适的安装 AWS 账户。

 警告：需要信用卡！

当我们使用 segue 示例进行说明时，需要注意的是，我们会承担费用。AWS 是有偿服务，虽然可能有一些免费的 AWS 服务产品，且我们运行的示例仅仅需要几美元，但你需要特别注意你使用的 AWS 的各个方面所产生的费用。关键是你熟悉 AWS 控制台以及如何控制你的账户设置、你每月的账单报表，特别是 **EMR、弹性云计算（EC2）和简单的存储服务（S3）**（这些是本章中运行 segue 示例会产生的要素。如果你想了解这些服务的介绍，请查阅下面的链接：

`http://docs.aws.amazon.com/awsconsolehelpdocs/latest/gsg/getting-started.html`。

`https://aws.amazon.com/elasticmapreduce/`。

因此，及时通知银行经理，让我们开始吧。

1.3.1 安装 segue

segue 包目前不是一个可用的 CRAN 包。你需要从以下位置下载：

`https://code.google.com/p/segue/downloads/detail?name=segue_0.05.tar.gz&can=2&q=`。

segue 包依赖两个其他的包：rJava 和 caTools。如果这两个包没有在你的 R 环境中，你可以直接从 CRAN 安装它们。在 Rstudio 中，这可以通过单击 Install 按钮从 Packages 选项卡中完成。这会弹出一个对话框，你可以在其中键入需要安装的名称 rJava 和 caTools。

当你下载了 segue 后，你就可以用相似的方式在 Rstudio 中安装它。Install Packages 弹出一个选项，你可以从 Repository（CRAN，CRANextra）切换到 Package Archire File，然后可以浏览你下载的 segue 包的位置并安装它。简单地在 R 中加载 segue 库然后加载它依赖的包，如下所示：

```
> library(segue)
Loading required package: rJava
Loading required package: caTools
Segue did not find your AWS credentials. Please run the
setCredentials() function.
```

segue 包通过它的安全 API 与 AWS 进行交互，相应地这只能在你拥有自己特定的 AWS 凭证（即你的 AWS 访问密钥 ID 以及访问密码），才可以使用。这对密钥必须通过函数 setCredentials() 提供给 segue。在下一节中，我们将看看如何设置你的 AWS 账户以便获得你的根 API 密钥。

1.3.2　设置 AWS 账户

我们假定你已经成功在 http://aws.amazon.com 上建立了一个 AWS 账户，并且提供了你的信用卡信息等，通过了电子邮件验证过程。如果是这样，那么下一步是获取你的 AWS 安全凭证。当你登录到 AWS 控制台时，单击你的名字（在屏幕的右上角），从下拉菜单中选择 Security Credentials（安全凭证）。如图 1-5 所示。

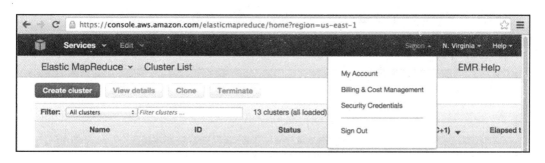

图　1-5

在图 1-5 中，你可以注意到我已经登录到了 AWS 控制台（可通过访问 https://console.aws.amazon.com），并且已经浏览了在北弗吉尼亚亚马逊美国 – 东 –1 区域内的我的 EMR 集群（通过左上角的 Services（服务）下拉菜单）。

这是亚马逊数据中心区，segue 使用它启动它的 EMR 集群。在你的账户名的下拉菜单中选择 Security Credentials（信用凭据），你将看到以下页面（见图 1-6）。

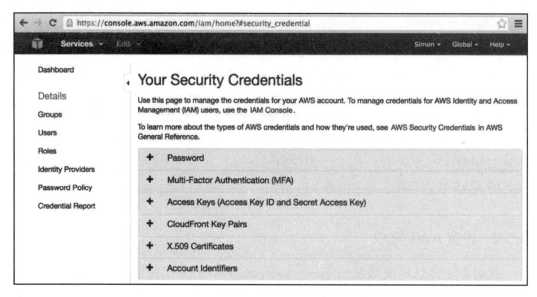

图　1-6

在这个页面上，只需展开 Access keys（访问键）选项卡（单击＋），然后单击出现的 Create New Access key（创建新的访问密钥）按钮（注意，如果你已经有两个可用的安全密钥，这个按钮将不可使用）。这将弹出有新产生的密钥的对话框（见图 1-7），你应该立即下载并妥善保存。

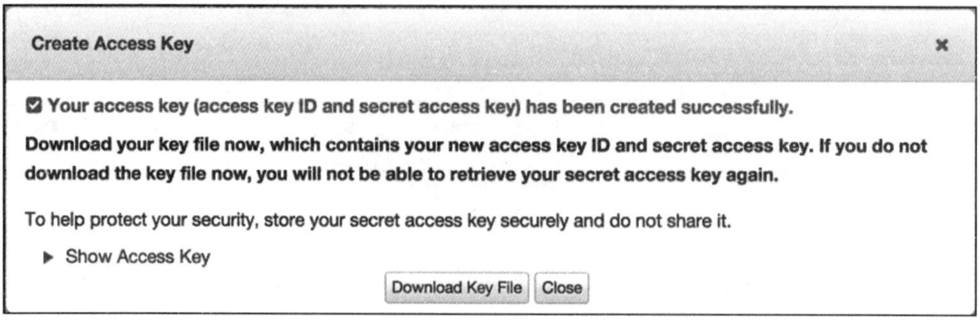

图　1-7

让我们看看这个提示：

 警告：保持你的凭证在任何时候都安全！

你必须保持你的 AWS 访问密钥在任何时候都安全。如果在任何时候你觉得这些密钥被其他人知道了，你应该立即登录到你的 AWS 账户，访问这个页面，禁用你的密钥。这是创建新密钥对的简单流程，在任何情况下，亚马逊推荐的安全实践是定期重置你的密钥。不言而喻，在你调用的 segue 包 setCredentials() 地方，特别是在你自己的计算机上，你应该保留 R 脚本。

1.3.3　运行 segue

segue 的基本操作遵循着类似的模式，与我们前一节中的 parallel 包的集群函数有相似的名字，即，

```
> setCredentials("<Access Key ID>","<Secret Access Key>")
> cluster <- createCluster(numInstances=<number of EC2 nodes>)
> results <- emrlapply(cluster, tasks, FUN,
taskTimeout=<10 mins default>)
> stopCluster(cluster) ## Remember to save your bank balance!
```

要注意的关键问题是，只要创建了集群，亚马逊就会以美元进行收费，直到你成功调用 stopCluster()，即使你从未成功调用 emrlapply() 并行计算函数。

createCluster() 函数有很多参数（详情见下表），但我们的主要重点是 numInst-ances 参数，因为它决定在底层 EMR Hadoop 集群中使用的并行度——即集群中使用的独立 EC2 计算节点的数量。然而，当我们使用 Hadoop 作为云计算框架时，集群中的一个实例必须作为专用主进程，负责向工作者分配工作和整理并行 MapReduce 操作的结果。因此，如果我们想要部署 15 路并行，那么我们需要创建一个有 16 个实例的集群。

emrlapply() 要注意的另一个关键问题是，你可以有选择地指定一个任务超时选项（默认是 10 分钟）。Hadoop 主进程将所有在超时周期内未交付结果（或产生 I/O 文件）的任务视为失败的，然后取消任务执行（并且不会被另一个工作者重试），将

为这个任务产生一个空结果并最终由 emrlapply() 返回。如果你知道有可能超过默认超时的一个任务（如仿真），那么你应该将超时选项设置为更高的值（单位是分钟）。请注意，你应该避免产生无限运行的工作者进程，该进程将快速消耗你的信贷余额。

1. createCluster() 的参数

createCluster() 函数有许多参数来选择可用的资源和配置在 AWS EMR Hadoop 中运行的 R 环境。下表总结了这些配置参数。看看下面的代码：

```
createCluster(numInstances=2,cranPackages=NULL,
  customPackages=NULL, filesOnNodes=NULL,
  rObjectsOnNodes=NULL, enableDebugging=FALSE,
  instancesPerNode=NULL, masterInstanceType="m1.large",
  slaveInstanceType="m1.large", location="us-east-1c",
  ec2KeyName=NULL, copy.image=FALSE, otherBootstrapActions=NULL,
  sourcePackagesToInstall=NULL, masterBidPrice=NULL,
  slaveBidPrice=NULL)
returns: reference object for the remote AWS EMR Hadoop cluster
```

参数 [默认＝值]	描　　述
numInstances [默认＝2]	这是使用的并行度（–1），等于 1× 主进程和（numInstances–1）× 集群中的 worker EC2 节点。有效范围是最小值＝2 与（当前）最大值＝20 之间
cranPackages [默认＝NULL]	这个参数表示在集群启动阶段加载到每个节点的 R 会话的 CRAN 包名的向量
customPackages [默认＝NULL]	这个参数表示在集群启动阶段加载到每个节点的 R 会话的本地拥有的包文件名的向量。segue 包会使用 AWS API 将这些包文件从本地主机复制到远程的 AWS 集群
fileOnNodes [默认＝NULL]	这个参数是本地文件名的向量，在 emrlapply() 期间，通常拥有需要在其部分执行期间利用并行函数显式读入的数据。segue 会利用 AWS API 将这些文件从本地主机复制到远程 AWS 集群。然后将它们放在相对于节点的当前工作目录下，并且可用 "./filename" 进行访问
robjectsOnNodes [默认＝NULL]	这个参数是连接到每个工作者节点上的 R 会话的命名 R 对象的列表。在 R 中用 help(attach) 可以获得更多信息
enableDebugging [默认＝FALSE]	打开 / 关闭 EMR 集群调试。如果设置为 TURE，它将允许由节点生成的额外 AWS 日志文件，其可以帮助诊断特别的问题。你可以使用 AWS 控制台，并可能需要使 SSH 登录到节点上以查看日志文件并进行调试
instancesPerNode [默认＝NULL]	这是在每个 EC2 计算节点上运行的 R 会话实例的数量。由 AWS 设置默认值。目前，默认是每个工作者一个 R 会话——即每个 EC2 计算节点一个实例

(续)

参数 [默认＝值]	描　　述
maserInstanceType [默认＝"m1.large"]	这是主节点启动的 AWS EC2 实例类型。为了使 segue 正确运行，这必须是一个 64 位实例类型。有效的实例类型是：链接
slaveInstanceType [默认＝"m1.large"]	这是工作者节点启动的 AWS EC2 实例类型。为了使 segue 正确运行，这必须是一个 64 位实例类型。有效的实例类型是：链接
location [默认＝"us-east-lc"]	这是 AWS 区域和运行 Hadoop 集群的可用区 在编写的时候，这个值不能成功修改为在不同的 AWS 区域启动 EMR 集群
ec2KeyName [默认＝NULL]	这是用于登录到 EMR 集群中的主点的 EC2 密钥。相关联的用户名是 "hadoop"
copy.image [默认＝NULL]	如果它是 TURE，那么整个当前本地 R 会话状态都将保存、复制，然后加载到每个工作者的 R 会话中。请谨慎使用它
otherBootStrapActions [默认＝NULL]	这个参数是在集群节点上执行的引导操作的列表
sourcePackagesToInstall [默认＝NULL]	这个参数是获得在集群中的每个工作者 R 会话中安装的包的来源的完整文件路径的向量
masterBidPrice [默认＝NULL]	如果可用，这是支付给现货实例主节点的 AWS 期望的价格。默认情况下，将部署和收取指定 masterInstance 参数的标准按需 EC2 节点
slaveBidPrice [默认＝NULL]	如果可用，这是支付给现货实例工作者节点的 AWS 期望的价格。默认情况下，将部署和收取指定 slaveInstanceType 参数的标准按需 EC2 节点

2. AWS 控制台视图

在操作中，segue 必须执行大量工作来启动远程托管的 EMR 集群。这包括请求 EC2 资源以及利用启动配置和结果收集的文件传输的 S3 存储区。通过由 segue 使用在 Web 浏览器上操作的 AWS 控制台来使用 AWS API 配置资源是十分有用的。使用 AWS 控制台是解决在集群的配置和运行期间所有问题的关键。从根本上说，每当 segue 进程出错时，AWS 控制台是释放资源的最后方式（因此进一步限制开销），这是由许多原因造成的。

图 1-8 是由 segue 创建的 EMR 集群 AWS 控制台视图。它刚刚完成了 emrlapply() 并行计算阶段（你可以看到刚才执行的步骤，它在屏幕的中心运行了 34 分钟），现在是等待状态，准备执行提交的更多任务。你可以注意到，在图 1-8 的左下

方，有一个主进程和作为 `ml.large` 实例运行的 15 个核心工作者进程。你还可以发现，segue 在集群生成时在集群上执行了两个引导操作，安装最新版本的 R 并确保所有的 R 包都是最新的。在为计算操作准备集群时引导操作显然会造成额外开销。

请注意，在这个屏幕中，通过单击图 1-8 Terminate（终止）按钮，你可以选择一个集群并手动终止它，释放资源并防止更多的收费。

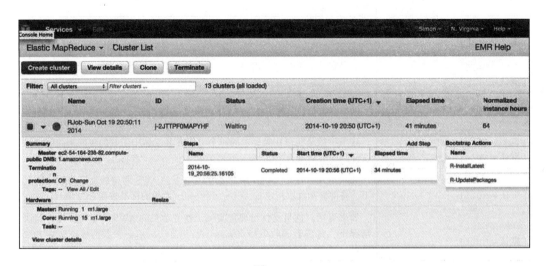

图 1-8

EMR 资源由 EC2 实例组成，图 1-9 显示了关于一个 EC2 运行实例"硬件"的等价视图。它们仍然在运行中，记录 AWS 收费的 CPU 时间，即使它们在空闲并等待分配任务时。尽管 EMR 使用 EC2 实例，但从这个窗口中，你通常不会从 EMR 集群中终止一个 EC2 实例。你只能使用从前面窗中的主 EMR Cluster List（集群列表）选项中的 Terminate（终止）集群操作。

最后值得一看的 AWS 控制台窗口是 S3 存储窗口。segue 包创建了 3 个独立的存储桶（名字的前缀是特定的随机字符串），而所有的意图和目的，可以认为是 3 个独立的顶层目录，在其中有各种不同类型的文件。这些包含集群特定的日志目录（后缀为 `segue-logs`）、配置目录（后缀为 `segue`）和任务结果目录（后缀为 `segueout`）。

下面是先前窗口中与集群相关的 sequeout 后缀目录中的 results 子目录的视图（见图 1-10），显示了在 Hadoop 工作者处理单个任务时，Hadoop 工作者节点产生的单个 "part-XXXX" 结果文件。

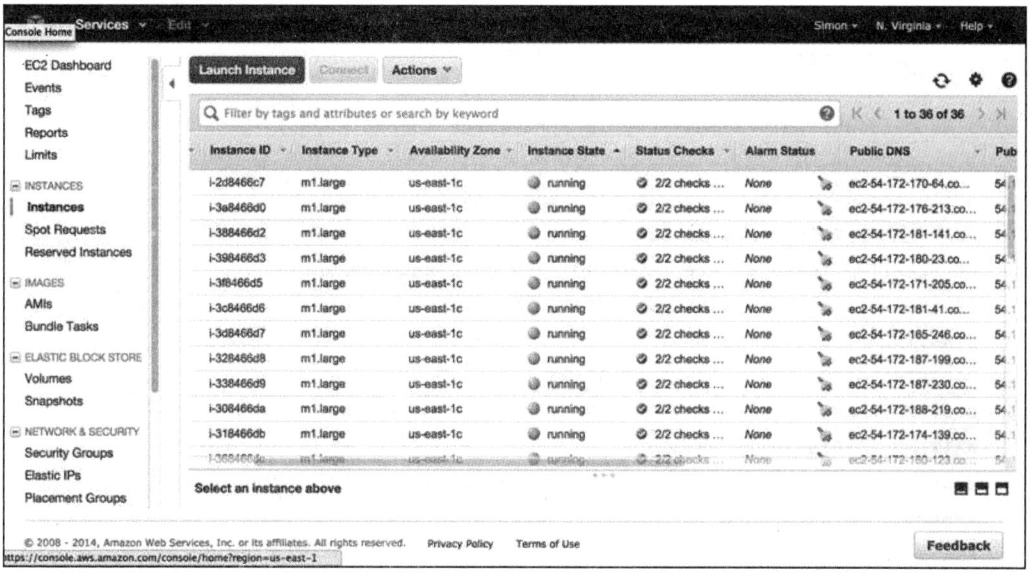

图　1-9

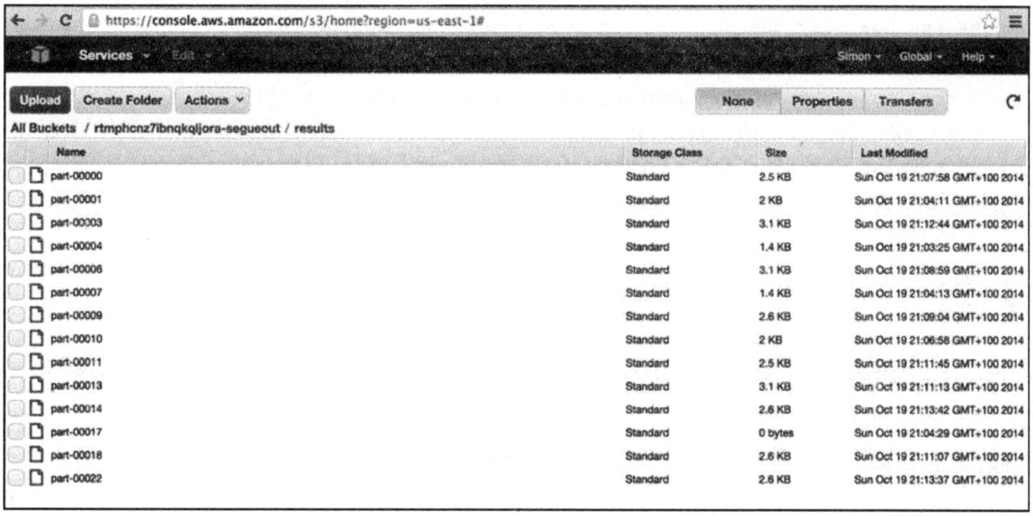

图　1-10

1.3.4 求解亚里士多德数谜

终于，我们现在可以并行运行我们的谜题求解程序了。这里，我们选择运行 16 EC2 节点的 EMR 集群，相当于一个主节点和 15 个核心工作者节点（所有 m1.large 实例）。应当指出的是，启动和再次关闭远程 AWS EMR Hadoop 集群会带来相当大的开销。运行下列代码：

```
> setCredentials("<Access Key ID>","<Secret Access Key>")
>
> cluster <- createCluster(numInstances=16)
STARTING - 2014-10-19 19:25:48
## STARTING messages are repeated ~every 30 seconds until
## the cluster enters BOOTSTRAPPING phase.
STARTING - 2014-10-19 19:29:55
BOOTSTRAPPING - 2014-10-19 19:30:26
BOOTSTRAPPING - 2014-10-19 19:30:57
WAITING - 2014-10-19 19:31:28
Your Amazon EMR Hadoop Cluster is ready for action.
Remember to terminate your cluster with stopCluster().
Amazon is billing you!
## Note that the process of bringing the cluster up is complex
## and can take several minutes depending on size of cluster,
## amount of data/files/packages to be transferred/installed,
## and how busy the EC2/EMR services may be at time of request.

> results <- emrlapply(cluster, tasks, FUN, taskTimeout=10)
RUNNING - 2014-10-19 19:32:45
## RUNNING messages are repeated ~every 30 seconds until the
## cluster has completed all of the tasks.
RUNNING - 2014-10-19 20:06:46
WAITING - 2014-10-19 20:17:16

> stopCluster(cluster) ## Remember to save your bank balance!
## stopCluster does not generate any messages. If you are unable
## to run this successfully then you will need to shut the
## cluster down manually from within the AWS console (EMR).
```

总的来说，emrlapply() 计算阶段用了 34 分钟左右——不错！但是，启动和结束阶段用了许多时间，使这方面的开销相当大。当然，我们可以运行更多节点实

例（目前在 AWS EMR 上最多 20 个），我们可以使用比 m1.large 更有效的实例来
加速计算过程。然而，这样的进一步试验我将交给你，亲爱的读者！

 emrlapply() 中的 AWS 错误

偶尔，调用 emrlapply() 会失败，产生如下类型的错误信息：

❑ Status Code: 404, AWS Service: Amazon S3, AWS Request
ID: 5156824C0BE09D70, AWS Error Code: NoSuchBucket,
AWS Error Message: The specified bucket does not exist...

这是一个已知的 segue 问题。解决方法是禁用你现有的 AWS 凭证并生成新
的根安全密钥对，手动终止由 segue 产生的 AWS EMR 集群，重启你的 R 会
话，调用 setCredentials() 来更新你的 AWS 密钥，然后再次尝试。

分析结果

在图 1-11 中可以发现，如果我们绘制各自的运行时间来使用 R 的内置函数
barplot() 计算每个 90 起始的小薄板三元组的可能解，那么我们将看到问题域的
一些有趣的特性。正确的解由深色条纹表示，其他的都是失败的。

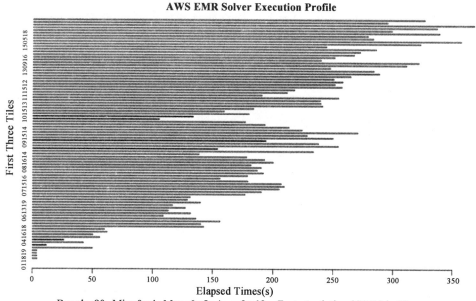

图 1-11

首先，我们可以注意到，我们只确定了 6 个板起始的小薄板三元组配置，它产生了一个正确解。我不会在这里说明这个解。其次，探索每个小薄板三元组的求解空间的时间有很大的变化，最长与最短为 6 分钟和 4 秒，最快的完全解仅需要 12秒。因此，计算非常不均衡，这证实了我们之前展示的运行示例。增加先前放置的小薄板的值所消耗的时间趋向于越来越长，例如，如果我们引入启发式以提高求解程序的能力，那么选择最适合的下一个放置的小薄板是值得进行进一步调查的。

求解全部 90 个板配置的累计时间为 4 小时 50 分钟。为解释这些结果，我们需要验证运行时间并不是用户时间和系统时间的总和。对于这次执行得到的结果，相比（用户＋系统）时间，运行时间有最大 1% 的不同。我们当然希望这样，通过 segue 为 AWS EMR Hadoop 集群的专用资源买单。

1.4　总结

在本章中，我们介绍了 3 种简单而又不同的利用 R 并行性的方法，利用你自己计算机的多核处理能力，用基础 R parallel 包操作 FORK 和 PSOCK 实现集群，通过 segue 包直接从你计算机使用云上的远程托管的较大规模的 AWS EMR Hadoop集群。

在这个过程中，你学习了如何将一个问题有效地分割为独立的并行任务以及如何通过动态负载均衡任务管理处理不均衡计算。你也看到了如何有效地为代码的运行时提供仪器、基准测试以便确定串行和并行的性能改善。事实上，作为一个额外的挑战，目前 evaluateCell() 的实现可以自己进行改进和加速……

现在也解决了亚里士多德数谜，如果这激起了你的兴趣，那么你可以在 http://en.wikipedia.org/wiki/Magic_hexagon 上发现更多关于神奇的六角形的信息。谁知道呢，你甚至可以应用新的并行 R 技巧来发现一个新的神奇六边形的解。

本章给出了使用 R 的最简单的并行方法的重要基础。你现在应该可以直接将这些知识应用到你自己的环境中并加速你自己的 R 代码运行。在本书其余部分，我们将关注并行性的其他形式和框架，这些可以用来处理更多的规模数据密集型问题。你可以或者直接阅读本书从这里到结尾，第 6 章，它总结了学习成功的并行编程的关键；或者你可以阅读特定的章节以学习特定的技术，例如，第 2 章、第 3 章、第 4 章使用 MPI 的基于显式消息传递的并行性和第 5 章使用 OpenCL 的 GPU 加速并行性。

还有一个额外的章节向你介绍 Apache Spark，它是实现支持复杂分析的分布式并行计算的最新和最流行的框架之一，可以说是建立的基于 Hadoop 的 Map/Reduce 的继承者，也可以用于实时数据分析。

消息传递入门

在本章中,我们将首先看看较低级别的并行性:在多个交互式 R 进程中显式的消息传递。我们将使用在笔记本电脑、云集群和超级计算机上的多种形式的标准**消息传递接口**(MPI)API。

在本章中,你将学习:

- ❑ MPI API 以及如何通过两个不同的 R 包 `Rmpi` 和 `pbdMPI` 使用它,连同通信子系统的 OpenMPI 实现。
- ❑ 阻塞与非阻塞的点对点通信。
- ❑ 基于组的集体通信。

在接下来的两章中,我们将探讨一种更高级的方式使用 MPI,包括基于网格的并行处理以及在实际的超级计算机上衡量 R。但是,现在我们将介绍 MPI,再次使用我们自己的苹果计算机作为目标计算环境,也提供了在微软 Windows 系统上使用 MPI 运行需要的信息。

2.1　为 MPI 设置系统环境

为了在 R 中使用 MPI,有很多我们需要安装的先决条件。相比于其他的 R 包,该情景是一个比较复杂的 MPI 设置，我们需要 MPI 的 R 接口和可以将其调用的 MPI 的实现。我们也有许多可供选择的 R 包以及底层的 MPI 子系统。

2.1.1 为 MPI 选择 R 包

有两个可用的基于 MPI 的 R 接口包——Rmpi 和 pbdMPI。

 Rmpi 可以从 CRAN 在以下链接获取：https://cran.r-project.org/web/packages/Rmpi/index.html。

Rmpi 的主页是 http://www.stats.uwo.ca/faculty/yu/Rmpi/。

在 Mac OS X 上安装 Rmpi 的说明在 http://www.stats.uwo.ca/faculty/yu/Rmpi/mac_os_x.htm 上提供。

在 Windows 上安装 Rmpi 的说明在 http://www.stats.uwo.ca/faculty/yu/Rmpi/windows.htm 上提供。

pbdMPI 包可以从 CRAN 在以下链接获取：https://cran.rproject.org/web/packages/pbdMPI/index.html。

大数据编程（pbd）的主页是 http://rpbd.org/。

在 Mac OS X 上安装 pbdMPI 的详细说明以及屏幕截图在 https://rawgit.com/wrathematics/installation-instructions/master/output/with_screenshots/html/index_mac.html 上提供。

在 Windows 上安装 pbdMPI 的详细说明以及屏幕截图在 https://rawgit.com/wrathematics/installation-instructions/master/output/with_screenshots/html/index_windows.html 上提供。

尽管每个包都提供了一个标准 MPI 实现的接口，但它们的操作方式略有不同，提供了它们自己特定的附加功能。一个特别的不同是，Rmpi 可以在交互式 R 会话中直接运行，而 pbdMPI 必须使用计算机系统的命令行窗口通过标准 MPI 特定的启动程序（mpiexec）才可以运行。

2.1.2 选择 MPI 子系统

我们也可以从许多底层 MPI 子系统中选择并使用这两个 R 包。在本章中，我们将使用兼容 Mac OS X 的最受欢迎的开源 MPI 实现，即 OpenMPI，尽管可以用其他方法实现，包括 MPICH 以及 MS-MPI，所有这些都与 3.0 版本的 MPI 标准兼容。

❑ OpenMPI：OpenMPI 始于 2004 年，目标是建立一个模块化、便捷式的高性能实现。OpenMPI 支持一系列平台并可以安装在 Mac OS X 10.7（Lion）之前的版本中。更多的信息，请参阅 http://www.open-mpi.org/。

❑ MPICH：MPICH（在 Chameleon 之上的 MPI）在 1992 年初次形成时，起源于 MPI 的参考实现。从那时起，它已被广泛应用于超级计算机社区中。更多的信息，请参阅 http://www.mpich.org/。在随后的章节中，我们将在英国的 ARCHER 超级计算机上使用 MPICH。

❑ MS-MPI：尽管在 Windows 上建立 OpenMPI 和 MPICH 在技术上是可行的，但对两者的 Windows 平台的后续开发和支持最近停止了。然而，一切并没有失去！你可以从下面的链接中找到有关微软 Windows 系统的分布式 MPI（MS-MPI）的有关信息，包括下载和安装库，可以与 Rmpi 和 pbdMPI 使用：https://msdn.microsoft.com/en-us/library/bb524831(v= vs.85).aspx。

2.1.3　安装 OpenMPI

如果使用优秀的 Homebrew 安装软件，在 OS X 上安装 OpenMPI 是很简单的。运行以下命令：

```
mac:~ brew install openmpi
```

Homebrew

brew 命令是 OS X 的包管理器，它是用 Ruby 编写的，并被 OS X 开发社区广泛使用。关于如何安装的最新信息和说明，可以参阅 http://brew.sh/ 以及 https://github.com/Homebrew/homebrew/tree/mabbster/share/ doc/homebrew#readme。

运行和拉取许多依赖关系会需要一些时间，包括 **Gnu C 编译器**（GCC）。然后，你就可以在终端窗口中键入以下 shell 命令语句来检查安装是否成功：

```
mac:~ simon$ which mpiexec
/usr/local/bin/mpiexec
mac:~ simon$ ls -la /usr/local/bin/mpiexec
lrwxr-xr-x  1 simon  admin  37  7 Sep 15:54 /usr/local/bin/mpiexec -> ../
Cellar/open-mpi/1.10.0/bin/mpiexec
mac:~ simon$ mpiexec --version
mpiexec (OpenRTE) 1.10.0
Report bugs to http://www.open-mpi.org/community/help/
```

这表明我安装的是 OpenMPI 1.10 并且将其放在标准系统目录 nixes 上——即用符号将 homebrew 的默认 "Cellar" 链接到 /user/local。

2.2　MPI 标准

你可以查看完整的 MPI 3.0 标准，它是一份 822 页的 PDF 报告，在（MPI Ref）http://www.mpi-forum.org/docs/mpi-3.0/mpi30-report.pdf 上。

在撰写本书时，MPI 3.1 标准发布了（2015 年 6 月）。虽然我们还关注之前的版本（即 3.0 版本），但它们之间的差异并不是我们的主题。MPI 3.0 是成熟的和全面的。

由于 R 的一些局限性，特别是其固定的单线程特性，所以只有 MPI 标准的一部分可以在 Rmpi 或 pbdMPI 中实现。不过，点对点和集体组通信的所有基础是可用的，我们将通过本章的剩余部分来探索这些。首先，我们需要了解适用于 MPI 的一些基础概念。

2.2.1　MPI 的世界

MPI 认为计算的每个单独线程是一个进程，给每个进程分配一个唯一的排名（rank），数字从 0 到 $N-1$，N 是我们在 MPI 世界创建的独立进程的总数。通信子（communicator）定义了在这个世界中进程之间交流的范围。一个进程可以向另一个或另一组进程发送信息，并在特定的通信子环境中接收信息。MPI 提供选择，发送和接收进程是否需要等待从 / 向它们的通信结束或进行其他活动，随后检查它的完成。MPI 程序可能利用多个通信子以便将进程间的通信模式分离使它们不会混乱。

例如，考虑一个内部利用 MPI 完成其并行实现的库函数。其通信与在程序中的任何其他的 MPI 启用代码保持完全独立是十分重要的。

本质上，前一段描述了 MPI 的基本功能。一切都提供了额外的编程便利，或遵循了基于消息传递的并行性管理的必然结果。当然，事实上，我们也需要在这个说明中加入一点健康的"料"。

事不宜迟，安装了 OpenMPI 后，让我们启动 Rmpi 和 pbdMPI 并运行……

2.2.2 安装 Rmpi

从你的 R 会话中，键入下面的代码，从你选择的 CRAN 镜像中下载并构建当前的 Rmpi 包：

```
> install.packages(""Rmpi"", type=""source"")
```

然后，将建立的库加载到你的活动 R 会话中：

```
> library(Rmpi)
```

为了测试操作是否正确，我们将启动 Rmpi 包的默认主 / 工作者配置，执行一个简单的输出语句，并立即关闭工作者。应该会看到类似下面的输出：

```
> mpi.spawn.Rslaves() # Set up Workers
4 slaves are spawned successfully. 0 failed.
master (rank 0, comm 1) of size 5 is running on: Simons-Mac-mini
slave1 (rank 1, comm 1) of size 5 is running on: Simons-Mac-mini
slave2 (rank 2, comm 1) of size 5 is running on: Simons-Mac-mini
slave3 (rank 3, comm 1) of size 5 is running on: Simons-Mac-mini
slave4 (rank 4, comm 1) of size 5 is running on: Simons-Mac-mini
> mpi.remote.exec(paste(""Worker"", mpi.comm.rank(),""of"", mpi.comm.
size()))
$slave1
[1] ""Worker 1 of 5""
$slave2
[1] ""Worker 2 of 5""
$slave3
[1] ""Worker 3 of 5""
$slave4
```

```
[1] ""Worker 4 of 5""
> mpi.close.Rslaves() # Tear down Workers
```

你会注意到，在我的系统中，有 4 个核心，生成了 5 个 MPI 进程——1 个主进程和 4 个工作者进程，MPI 排名从 0 到 4，通过 API 调用数字 1 识别默认的通信子环境。主进程是交互式会话，而 4 个工作者进程作为额外的外部 R 进程启动，你可以从如图 2-1 所示的 Activity Monitor（活动监视器）（在 `mpi.spawn.Rslaves()` 之后且在 `mpi.close.Rslaves()` 之前）的屏幕截图看到这些。

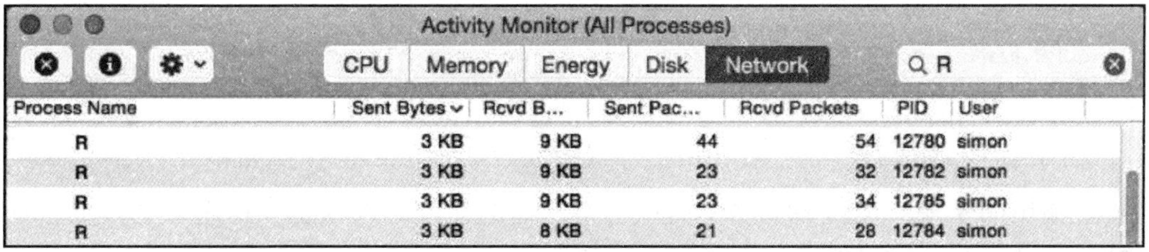

图 2-1　Rmpi 启动的 R 工作者 MPI 进程的 Activity Monitor 视图

你可能注意到，在 Activity Monitor（活动监视器）上看 Network（网络）选项卡时，即使你没有执行任何并行代码，Rcvd 数据包的数量仍然在增加。这正是内部环境的 OpenMPI "心跳"系统通信，它确保所有 MPI 进程仍在正确运行。

2.2.3　安装 pbdMPI

安装 pbdMPI 也很简单。然而，建议从系统 shell 命令行而不是从交互式 R 会话安装系统，因为在编写时，你可能会遇到在 OS X 上需要略微调整动态库的问题（变通方案可以参考下面的"在 OS X Yosemite 系统中的 pbdMPI 包"）。

从 https://cran.r-project.org/web/packages/pbdMPI/index.html 下载最新的 pbdMPI 包。

打开一个终端窗口，改变下载包的目录（在本例中，是 pbdMPI_0.2-5.tar.gz 并预提取其中的所有文件），键入下面的代码：

```
mac:~ simon$ R CMD INSTALL pbdMPI --configure-args=''--with-mpi-
type=OPENMPI''
```

在安装之前，这将编译 pbdMPI 以使用 OpenMPI。假定这一步成功了，建议运行包的一个演示测试程序来确定一切都好了。

对于 pbdMPI，我们总是需要使用一个特殊的命令 mpiexec 来运行 R 代码，它是 OpenMPI 安装的一部分，如下所示：

```
mac:~ simon$ cd pbdMPI/inst/examples/test_spmd
mac:~ simon$ mpiexec -np 2 Rscript --vanilla allgather.r
...
COMM.RANK = 0
[1] 1 1 2
COMM.RANK = 0
[1] 1 1 2
```

如果你成功运行了 allgather.r 测试脚本，那么将看到如前所示的 COMM.RANK 输出的末端。运行 pbdMPI 测试脚本所需的命令行选项是在给定 R 脚本文件的顶端说明的。在这种情况下，-np 2 意味着有两个 MPI 进程运行（这将启动两个进程，不管你是否使用单核机器）。

 在 OS X Yosemite 系统中的 pbdMPI 包

在 Mac 上使用 pbdMPI，可能会遇到一个特定的编译问题。我确实在 OS X 10.10 Yosemite 上遇到了。编译 pbdMPI 包的标准参数可能会失败，出现类似下面的输出（注意，为了简洁，去掉了一部分输出）：

```
mca: base: component_find: unable to open /usr/local/
Cellar/open-mpi/1.10.0/lib/openmpi/mca_osc_sm: dlopen(/
usr/local/Cellar/open-mpi/1.10.0/lib/openmpi/mca_osc_
sm.so, 9): Symbol not found: _ompi_info_t_class
...
 in /usr/local/Cellar/open-mpi/1.10.0/lib/openmpi/mca_
osc_sm.so (ignored)
...
No available pml components were found!

This is a fatal error; your MPI process is likely to
abort.
...
```

这个问题的一个解决方案是，使用 OS X 操作系统的机制，在运行时加入动态库，确保加载了核心 OpenMPI 库来解决丢失的符号。首先，在加载测试步骤成功的前提下，重建 pbdMPI 包，如下所示：

```
mac:~ simon$ R CMD INSTALL pbdMPI --configure-args=''--
with-mpi-type=OPENMPI'' --no-test-load
```

现在应该成功构建并将 pbdMPI 包安装到了系统的标准 R 库中。现在，每当你运行 mpiexec 时，确保动态加载程序 shell 环境变量 DYLD_INSERT_LIBRARIES 是如下设置的（OpenMPI 被安装在系统的标准 /usr/local 目录下）：

```
mac:~ simon$ export
DYLD_INSERT_LIBRARIES=/usr/local/lib/libmpi.dylib
```

你还可以添加此设置到主目录的 shell 的启动脚本中（~/.bashrc），这样当你打开一个新的终端窗口时，它就会自动设置。

2.3　MPI API

我们将把 MPI API 的内容分为两部分：首先，点对点通信；其次，分组集体通信。核心通信之上的额外功能将在随后的高级 MPI API 章节介绍。

首先，我们需要解释 Rmpi 和 pbdMPI 采用的并行性方式之间的一些不同。我们已经探讨了 Rmpi 可以在交互式 R 会话中直接运行，而 pbdMPI R 程序只能使用 mpiexec 从命令 shell 中运行（Rmpi 程序也可以使用 mpiexec 运行）。

Rmpi 采用主 / 工作者范式并且利用 MPI_Comm_spawn() 内部动态启动工作者进程，其中正在启动的 R 会话是形成计算集群的主进程和工作者进程。可能包含 MPI 通信的代码块由主进程下发到工作者集群远程执行，每个执行 Rmpi 守护进程方式的 R 脚本主动等待用 MPI_Bcast() 广播给它们的下一个命令。完成后，结果将集体返回给等待的主进程。

pbdMPI 包采用**单程序多数据**（SPMD）方法，即所有并行进程具有相同的计费并运行相同的代码，以及 MPI 通信统一地应用 MPI 中的所有进程（除非显式编程）。pbdMPI R 程序必须通过 mpiexec 运行来调用 R 运行时，为 MPI 基础构造创建并行进程的初始组。

Rmpi 和 pbdMPI——哪个更好?

与以往这类问题相同,答案是:视情况而定。

Rmpi 使你能够从 Rstudio 中立即启动单个节点上的主和工作者集群,并在小集群分割的数据上高效地并行运行 R 函数。不需要对 Rmpi 内部进行改变,我们将在后面进行阐述,其默认设置会使其难以利用工作者进程之间的通信。Rmpi 兼容 R 的核心并行包,可以用作 makeCluster("""MPI""") 的底层架构。参见 1.2.2 节。

大数据 MPI 编程 (pbdMPI):R 程序只能通过外部 MPI 运行时架构使用 mpiexec 命令启动。它在操作并行进程方面具有更大的灵活性 (例如SPMD),在采用大规模并行性方面也具有更大的灵活性,并且不限制进程间通信。pbdMPI 包也是大数据包的一部分,包括稠密线性代数库和分布式矩阵类。

接下来的各节详述 Rmpi 和 pbdMPI 支持的基本 MPI 功能,给出参照相应的 MPI 3.0 标准的 API 调用——PDF 报告中的引用页,以防你想查阅该调用的 C/Fortran 语言变量的标准定义 (MPI 引用可以在 http://www.mpi-forum.org/docs/mpi-3.0/mpi30-report.pdf 找到)。

正如你所料,R 包中的命名约定十分相似。本质上,pbdMPI 重载一个 API 调用名来使用多种数据类型,而 Rmpi 要求更加明确并且提供了附加的函数来支持不同类型的数据。你也会发现 Rmpi 使用 ".mpi" 作为标准函数名称前缀,而 pbdMPI 没有前缀。不幸的是,这意味着我们不能编写一个可以在这两个包接口之间易于移植的程序。我们必须为每个包编写独立的代码。

2.3.1 点对点阻塞通信

让我们直接进入一个非常简单的测试程序,它从前一个排名的 MPI 进程发送消息给其排名的前导子。你将需要至少双核的机器才能运行这个示例。我们以 Rmpi 开始,接下来是 pbdMPI 实现。我们记得,Rmpi 可以在一个交互式 R 会话中运行,如下所示:

```
> library(Rmpi)
> mpi.spawn.Rslaves() # Spawn at least 2 workers
> rmpi_lastsend <- function() {
  myrank <- mpi.comm.rank(comm=1) # which MPI rank am I?
  sender <- mpi.comm.size(comm=1)-1 # msg is sent from last
  receiver <- mpi.comm.size(comm=1)-2 # to last''s predecessor
  buf <- ""long enough""
  if (myrank == sender) {
    msg <- paste(""Hi from:"",sender)
    mpi.send(msg,3,receiver,0,comm=1)
  } else if (myrank == receiver) {
    buf <- mpi.recv(buf,3,sender,mpi.any.tag(),comm=1)
  }
  return(buf)
}
> mpi.bcast.Rfun2slave(comm=1) # Master shares all its function
definitions with the Workers
> mpi.remote.exec(rmpi_lastsend()) # Workers (only) execute specific
function
$slave1
[1] ""long enough""
$slave2
[1] ""long enough""
$slave3
[1] ""Hi from: 4""
$slave4
[1] ""long enough""
```

你应该看到一个类似前面的输出。在我的系统中，有 4 个核心，因此，默认情况下 mpi.spawn.Rslaves() 会创建 4 个工作者的一个集群。Rmpi 创建标识为 "1"的默认通信子，这包括所有的工作者和主进程——这里主进程的排名是 0，最后的工作者的排名是 4。可以从之前的代码中发现，使用 mpi.comm.rank() 在默认通信子中获取调用进程的唯一排名，使用 mpi.comm.size() 确定在默认通信子中总共有多少个进程，在这种情况下是整个 MPI。我们还使用了特殊的 Rmpi 函数 mpi.bcast.Rfun2slave() 将 lastsend() 函数定义（以及在主进程上的其他任何用户定义函数）传递给所有的工作者，这样它们就可以远程执行它。如果在任何时候更改了函数定义，都需要在执行它之前，重新将其传送给工作者。

观察 mpi.send 的调用，如下所示：

```
mpi.send(msg, 3, receiver, 0, comm=1)
```

Rmpi 包的 mpi.send() 方法有 4 个强制性参数，它们是：

❑ 发送的 R 对象 msg。

❑ 决定 R 对象是哪种（简单）数据类型的值 [3]（Rmpi 定义 1=整数，2=数字，3=字符串）。稍后，我们将看到如何发送和接收复杂的 R 对象。

❑ 发送给 [receiver] 的 MPI 进程的排名。

❑ 标记发送的标签 [0]。接收方可以选择标签的值与其匹配 mpi.recv()。标签只用于当不同类型的消息或从给定的发送端接收的一系列消息十分重要需要确定时。它往往更适用于非阻塞通信的消歧，我们将在后面对它进行介绍。

可以选择定义通信子发送的范围。在本例中，我们将其显式设置为默认值 "1"，只是为了更清晰。

现在，让我们执行 mpi.recv 调用：

```
buf <- mpi.recv(buf, 3, sender, mpi.any.tag(), comm=1)
```

Rmpi 包的 mpi.recv() 方法也有 4 个强制性参数：

❑ 与发送对象相同类型的 R 对象，大小足以容纳发送对象 [buf]。下一个例子将进一步说明这方面的问题。

❑ 决定 R 对象是哪种（简单）数据类型的值 [3]，其中 3 表示一个字符串。

❑ 从 [sender] 接收的 MPI 进程的排名。

❑ 与 [mpi.any.tag()] 发送相匹配的标签。我们选择使用一个由 mpi.any.tag() 定义的特殊值，这意味着这个接收将与特定发送端发送的任何标签相匹配。

同样，对这个接收，我们选择将通信子范围显式设置为其默认值 "1"。

为了说明 mpi.recv() 函数的第一个 "buffer" 变量，需要修改 lastsend() 函数然后重新运行它，如下所示：

```
> rmpi_lastsend <- function() {
  ...
  receiver <- mpi.comm.size(comm=1)-2 # to last''s predecessor
  buf <- ""too short""
  if (myrank == sender) {
  ...
  return(buf)
}
> mpi.bcast.Rfun2slave(comm=1) # Distribute updated function
> mpi.remote.exec(rmpi_lastsend()) # Workers execute function
$slave1
[1] ""too short""
$slave2
[1] ""too short""
$slave3
[1] ""Hi from: ""
$slave4
[1] ""too short""
```

可以发现，Rmpi 重用提供的对象内存作为第一个参数来接收在发送中传送的值，在这种情况下，它是一个很短的字符。然而，对于这种情况，我们确实知道需要的接收缓冲区大小，以便获得完整的消息，因此修复它很简单。在下一章中，当讨论更高级的 MPI API 时，我们将看看在利用 MPI_Probe 真正接收消息之前，如何查询要接收的消息的大小。

现在，利用 Rmpi 的 send/recv 函数对我们可以轻易绕过这个问题，这两个函数使复杂的 R 对象进行通信，即 mpi.send.Robj() 和 mpi.recv.Robj()，如下所示：

```
rmpi_lastsend2 <- function() {
  myrank <- mpi.comm.rank(comm=1)
  sender <- mpi.comm.size(comm=1) - 1
  receiver <- mpi.comm.size(comm=1) - 2
  buf <- ""N/A""
  if (myrank == sender) {
    msg <- paste(""Hi from:"", sender)
    mpi.send.Robj(msg, receiver, 0, comm=1)
  } else if (myrank == receiver) {
```

```
    buf <- mpi.recv.Robj(sender, mpi.any.tag(), comm=1)
  }
  return(buf)
}
```

注意这些函数是如何使用的，我们不需要指定发送 / 接收的 R 对象的类型，对于如何使用 mpi.recv.Robj()，我们也不需要设置接收缓冲对象，因为接收的对象已经创建了并直接从函数调用返回。尽管对于仅仅是数字或字符串的 R 数据 mpi.send.Robj() 和 mpi.recv.Robj() 并不是高性能的，但它们通常是易于使用的工具，而且你不太可能会出现程序错误。

正如前面所说的，这里是 "lastsend" 例子的 pbdMPI 实现。记住，pbdMPI 必须通过命令 shell 使用 mpiexec 才可以运行，例如，从 OS X 的终端，如下所示：

```
# File: chapter2_pbdMPI.R
library(pbdMPI, quietly=TRUE)
init()
pbdmpi_lastsend <- function() {
  myrank <- comm.rank()
  sender <- comm.size() - 1
  receiver <- comm.size() - 2
  if (myrank == sender) {
    msg <- paste(""Hi from:"", sender)
    send(msg, rank.dest=receiver)
  } else if (myrank == receiver) {
    buf <- recv(rank.source=sender)
  }
  comm.print(buf, rank.print=receiver)
}
pbdmpi_lastsend() # This is SPMD so all processes execute the same
finalize()
```

运行这个命令的输出将显示在终端窗口上，如下所示：

```
mac$ mpiexec -np 4 Rscript chapter2_pbdMPI.R
COMM.RANK = 2
[1] ""Hi from: 3""
```

注意，最后一个进程是在排名 3。在我们运行 SPMD 时，没有独立的主进程。另外，pbdMPI 包的 send() 和 recv() 函数对的标签和通信子都有默认的参数设置。当 pbdMPI 检查发送数据的参数类型并内部切换到使用最有效的 MPI 调用时，不需要任何显式的输入。我们也选择不显式设置通信子，因此使用默认的 MPI_COMM_

WORLD 通信子，其中包含所有由 init() 启动并成功从其调用返回的 MPI 进程。

 pbdMPI comm.print()：在前面的 pbdMPI 的示例中，我们使用 comm. print() 函数来显示接收端接收的消息字符串，只将 rank.print 参数设置为接收端的排名数。重要的是要认识到，在特定通信子中的所有 MPI 进程都必须调用 comm.print()，即使它们不输出任何东西；否则，将会导致死锁（comm.print() 会内部调用 MPI_Barrier，参阅 2.3.2 节）。很容易忘记这一点，将 comm.print() 放在条件语句中，然后怀疑为什么程序会永远挂起。如果你确实想要在相同的通信子中的所有 MPI 进程使用 comm.print() 输出一些东西，只需将 all.rank 设置为 TURE 并调用它；如果也设置了 rank.print，这将覆盖它。

 MPI_Init 和 MPI_Finalize：所有 MPI 进程都需要初始化和终止阶段，以便建立和终止 MPI 通信子系统。不出所料，pbdMPI 在 init() 函数中调用 MPI_Init，并在 finalize() 函数中调用 MPI-Finalize。然而，由于 Rmpi 用于在交互式 R 会话中运行，所以当加载了库并提供不同的 MPI 终止函数来处理 3 种特殊情况时它运行 MPI_Init：

Rmpi::mpi.finalize()：它完全终止 MPI。Rmpi 在 R 会话中保持可用，所以你可以决定启动更多的 MPI 工作者然后再次并行运行。

Rmpi::mpi.exit()：它执行 mpi.finalize()，但也分离 Rmpi 库，因此你不能再次使用 MPI。R 继续运行，你可以决定在会话中重新加载 Rmpi 库并继续。

Rmpi::mpi.quit()：它执行 mpi.exit()，但也完全终止 R 会话。这是终点！

我们使用的 MPI 点对点发送和接收程序称为阻塞，这表示直到发送的数据传送到预期的接收进程时发送操作程序才可以完成，意味着进程执行了一个匹配的接收操作。从发送端的角度来看，一旦发送函数调用返回，发送端修改刚才发送的对象是安全的。如果没有给定发送的匹配接收操作，那么发送端可能会阻塞并且不会从发送函数调用中返回。因此，发送进程将永远挂起。这是一个称为死锁的情况，将在第 6 章中详细讨论。现在，它足以让我们了解，在程序中所有的 MPI 并行进程每次发送信息，都必须执行匹配接收。

下表总结了点对点阻塞通信。

阻塞通信

MPI V3.0 API 调用	pbdMPI 等价调用	Rmpi 等价调用
MPI_Send (MPI Ref: p.24 • buf：在发送进程中，这是指向连续内存缓冲区中第一个对象的地址指针 • count：这是要发送的内存缓冲区中的对象数 • datatype：这是根据对象的大小推断出的对象的定义类型的枚举 • dest：这是通信子中发送目标进程的排名 • tag：这是一个非负整数，只对调用者有影响 • comm：这是将被传输的信息所在的通信子）	send(Robject, rank.dest=1, tag=0, comm=0) 返回：NULL pbdMPI::send 的默认参数值在 $SPMD.CT 中定义，可以在那里进行更改	mpi.send(x, type, dest, tag, comm=1) 返回：NULL mpi.send.Robj(Robject, dest, tag, comm=1) 返回：NULL type 的有效值是： • 1＝整数 • 2＝数字 • 3＝字符

MPI_Send 是阻塞操作。必须有一个匹配的 MPI_Recv 或 MPI_Irecv；否则，执行 MPI_Send 的进程将死锁。

pbdMPI::send 和 Rmpi::mpi.send.Robj 是更高级的函数，它内部计算需要传输的数据量。

Rmpi::mpi.send 只用来发送 integer/int、numeric/double 或 character/char 类型的向量。

MPI_Recv (MPI Ref: p.28 • buf：在接收进程中，这是指向连续内存缓冲区中第一个对象的地址指针 • count：这是要接收的内存缓冲区中的对象的数量 • datatype：这是根据对象的大小推断出的对象的定义类型的枚举 • dest：这是通信子中接收目标进程的排名 • tag：这是一个非负整数，只对调用者有影响 • comm：这是将被传输的信息所在的通信子 • status：这是一个 MPI_Status 对象，可以在接收详细信息（如 srce 和 tag 等）后查询它	recv(x.buffer=NULL, rank.srce=0, tag=0, comm=0, status=0) 返回：NULL bdMPI::recv 的默认参数值是在 $SPMD.CT 中定义的，并可以在那里进行更改。	mpi.recv(x, type, srce, tag, comm=1, status=0) 返回：NULL mpi.recv.Robj(srce, tag, comm=1,status=0) 返回：NULL type 的有效值是： • 1＝整数 • 2＝数字 • 3＝字符

（续）

阻塞通信		

MPI_Recv 是一个阻塞操作。必须有一个匹配的 MPI_Send 或 MPI_Isend；否则，执行 MPI_Recv 的进程将死锁。
 	
可以给 pbdMPI::recv 方法提供一个空的预定义大小 R 对象，以便从发送端接收相同格式的数据。它总是返回接收到的对象。
 	
Rmpi::mpi.recv 需要你提供一个正确类型的预定义大小的 R 向量来匹配发送的数据。一旦匹配完成，调用提供的向量将被接收到的数据填充。
 	
使一个通配符接收并且捕获从相同通信子中发送到接收进程的任意标签值 R 对象，利用如下 R 代码：
 	
`pbdMPI::recv(rank.srce=anysource(), anytag())`
`Rmpi::mpi.recv.Robj(mpi.any.source(), mpi.any.tag())`
 	
然后你就可以查询用于接收（默认＝0）的 status 对象，找出发送端和使用的标签：
 	
`st <- pbdMPI::get.sourcetag(status=0)`
`st <- Rmpi::mpi.get.sourcetag(status=0)`
`# st[1]=sender''s rank, st[2]=tag value sent`		

`MPI_Sendrecv (MPI Ref: p.79`
`sendbuf, sendcount,`
`sendtype,`
`dest, sendtag,`
`recvbuf, recvcount,`
`recvtype,`
`srce, recvtag,`
`comm, status`
`)`
`MPI_Sendrecv_replace(`
MPI Ref: p.80
`buf, count, datatype,`
`dest, sendtag,`
`srce, recvtag,`
`comm, status`
`)`
　该表前面的 MPI_Send/MPI_Recv 部分有这些函数使用的参数的解释
	`sendrecv(`
	`Robject,`
	`x.buffer=NULL,`
	`rank.dest=see`
	`below,`
	`send.tag=0,`
	`rank.srce=see`
	`below,`
	`recv.tag-0,`
	`comm=0,`
	`status=0`
	`)`
	返回：Robject
	`sendrecv.replace(`
	`Robject,`
	`rank.dest=see`
	`below,`
	`send.tag=0,`
	`rank.srce=see`
	`below,`
	`recv.tag=0,`
	`comm=0,`
	`status=0`
	`)`
	返回：Robject
		`mpi.sendrecv(`
		`senddata, sendtype,`
		`dest, sendtag,`
		`recvdata, recvtype,`
		`srce, recvtag,`
		`comm=1,`
		`status=0`
		`)`
		返回：recvdata
		`mpi.sendrecv.`
		`replace(`
		`x, type, dest,`
		`sendtag,`
		`srce, recvtag,`
		`comm=1,`
		`status=0`
		`)`
		返回：x

　不出所料，MPI_Sendrecv 将一个调用中的发送和接收进程结合在一起。在控制返回到程序且可以执行下一条 R 语句前，它相当于执行独立的发送和接收，使每一个方面都有不同的进程和不同类型的数据，除了发送和接收都必须完成外。因此，MPI_Sendrecv 是阻塞操作。必须有匹配 MPI_Sendrecv 或者一组由其他进程调用的 MPI_Send/MPI_Isend 和 MPI_Recv/MPI_Irecv。

（续）

阻塞通信

---

pbdMPI 库对 rank.dest 和 rank.srce 进行默认设置，使每个进程发送到其直接后继子并从其直接前导子接收，使通信子中所有进程的单步前向链交换可以很简单地实现。使用 MPI_Sendrecv 的一个相关代码示例，请参阅第 6 章。

 如果你已经在 R 会话中装载了 Rmpi 或 pbdMPI 库（你可以用这种方式加载 pbdMPI，但不能运行），那么键入 ??sendrecv（标准的 R 帮助语法）会出现包含一个简单示例的相关帮助页面。用这种方式，你也可以得到更多的简单 MPI 示例。

MPI 的内部通信子

我们已经谈到了匹配的发送和接收的概念。在通信中，有以下 4 个我们可以选择的关键特性：

❑ **通信子**：通信子用来传递消息。如果有帮助，你可以把通信子类比成无线频道。如果你想听到广播给你的特定消息（和大多数的类比一样，我们只能把它想成这样……），必须调整到正确的频道。

❑ **来源**：这是发送消息的进程的排名（也就是，谁在进行"传输"）。

❑ **标签**：这是消息的标签，对发送消息的程序定义解释。

❑ **目的地**：发送端也要选择消息的接收端的排名（也就是，谁在"接收"）。

我们使用的通信子的类型是**内部通信子**，意味着只有这个通信子的成员（也就是，在其中有排名）才能进行相互通信。在特定的内部通信子中，所有的通信都是私有的。MPI 标准提供了丰富的接口以支持外来过程组层次结构，使组合进程成员通信子能够重叠、交叉和生成，使不同组中的进程之间可以通过**内部通信子**的结构进行通信。然而，Rmpi 和 pbdMPI 都处理更简单的用例，因此这两个包都限制 API 函数的 MPI_Com 族的使用，本质上是限制用 MPI_Comm_dup 对现有通信子进行复制。

复制 MPI 通信子是基本要求，它使不同的并行函数保持自己通信子的模式完全独立于任何其他代码（这种情况的一种类比是，两个不同的广播电台不允许在同一频道播出）。在盒外，Rmpi 不可能创建只有工作者的通信子，这会限制或至少使我们的一些编程选择复杂化（根据下文的中断盒）。但是，它是有益的，可以展示我们怎样才能在这方面使 Rmpi 更加灵活，所以这就是我们接下来将探讨的。

Rmpi workeraemon.R 脚本

我们将通过创建一个新的后台 Rmpi 工作者守护进程脚本来实现 Rmpi 的 MPI_Comm_dup 操作。当 Rmpi 派生一组新的工作者进程时，默认情况下，它使用一个特殊进程来启动称为 slavedaemon.R 的脚本。我们将对此进行复制并编辑它以便引入一个只在工作者进程集合中的重复通信子，排除主进程的重复通信子。这将使我们能够安全地将我们自己的工作者通信从 Rmpi 在主进程与工作者进程间的内部操作分离出来。它将为我们提供一个通信子，该通信子可以用来只在派生的工作者进程间进行特殊的 MPI 集体通信 API 调用。

首先，确定你的 Rmpi 安装的位置。从一个 R 会话中，键入：

```
> .libPaths()
[1] ""/Library/Frameworks/R.framework/Versions/3.2/Resources/library""
```

你应该看到一个类似先前输出的输出，特别是，如果你在一台 Mac 设备上运行。接下来，打开终端窗口并在控制台输入：

```
mac$ cd /Library/Frameworks/R.framework/Versions/3.2/Resources/library/
Rmpi
mac$ cp slavedaemon.R workerdaemon.R
```

然后，在新的 workerdaemon.R 文件中打开一个文本编辑器，修改它，添加一些额外的行，如在下面代码片段中突出显示的部分。你的文件可能看起来有一些不同，这取决于 Rmpi 的版本：

```
#File: workerdaemon.R
# Copied from slavedaemon.R and modified to create workers'' Wcomm
communicator
if (!library(Rmpi,logical.return = TRUE)){
    warning(""Rmpi cannot be loaded"")
    q(save = ""no"")
}
options(error=quote(assign("".mpi.err"", TRUE, envir = .GlobalEnv)))
.comm <- 1
.intercomm <- 2
Wcomm <- 3 ### 1
```

```
invisible(mpi.comm.dup(0,Wcomm)) ### 2
invisible(mpi.comm.set.errhandler(Wcomm)) ### 3
print(paste(""Worker rank:"",mpi.comm.rank(comm=Wcomm),""of"",mpi.
comm.size(comm=Wcomm),""on Wcomm[=3]"")) ### 4
invisible(mpi.comm.get.parent(.intercomm))
invisible(mpi.intercomm.merge(.intercomm,1,.comm))
invisible(mpi.comm.set.errhandler(.comm))
mpi.hostinfo(.comm)
invisible(mpi.comm.disconnect(.intercomm))
.nonblock <- as.logical(mpi.bcast(integer(1),type=1,rank=0,comm=.
comm))
.sleep <- mpi.bcast(double(1),type=2,rank=0,comm=.comm)
repeat
    try(eval(mpi.bcast.cmd(rank=0,comm=.comm, nonblock=.nonblock,
sleep=.sleep),envir=.GlobalEnv),TRUE)
print(""Done"")
invisible(mpi.comm.disconnect(Wcomm)) ### 5
invisible(mpi.comm.disconnect(.comm))
invisible(mpi.comm.set.errhandler(0))
mpi.quit()
```

你可以在前面的脚本中发现，在 [### 2]，所有的工作者（而不是主进程）都复制了特殊的通信子值 0。这是由 Rmpi::mpi.comm.dup() 造成的，代表了 MPI_COMM_WORLD。当 MPI 进程由父进程派生时，MPI_COMM_WORLD 引用派生的子进程组但不包括主进程。我们创建了一个 MPI_COMM_WORLD 的重复通信子，将其连接到内部 Rmpi 引用句柄号 3 并将句柄指标记录到全局变量 Wcomm 中，使得在我们想调用的任何 Rmpi 函数中都可以使用广播命令进行明确的引用，其中每个工作者在它们的近永久重复循环中从主进程中接收消息。注意我们如何采用代码为新工作者通信子 [### 3] 设置错误处理程序，并生成一些附加调试输出到工作者的日志文件中 [### 4]。也要注意，为了整洁和正确释放资源，我们在工作者进程退出 [### 5] 前显式地断开 Wcomm。当调用 mpi.close.Rslaves() 时从主进程触发退出。

将前面的工作全部完成后，我们现在可以回到我们的 R 会话，调用 Rmpi::mpi.spawn.Rslaves() 来使用我们修改的启动脚本，如下所示：

```
> mpi.spawn.Rslaves(Rscript=system.file(""workerdaemon.R"",
package=""Rmpi""))
    4 slaves are spawned successfully. 0 failed.
master (rank 0, comm 1) of size 5 is running on: Simons-Mac-mini
slave1 (rank 1, comm 1) of size 5 is running on: Simons-Mac-mini
slave2 (rank 2, comm 1) of size 5 is running on: Simons-Mac-mini
```

```
slave3 (rank 3, comm 1) of size 5 is running on: Simons-Mac-mini
slave4 (rank 4, comm 1) of size 5 is running on: Simons-Mac-mini
> tailslave.log(nlines=2)
==> Simons-Mac-mini.28857+1.32231.log <==
[1] ""Worker rank: 0 of 4 on Wcomm[=3]""
    Host: Simons-Mac-mini      Rank(ID): 1 of Size: 5 on comm 1
==> Simons-Mac-mini.28857+1.32232.log <==
[1] ""Worker rank: 1 of 4 on Wcomm[=3]""
    Host: Simons-Mac-mini      Rank(ID): 2 of Size: 5 on comm 1
==> Simons-Mac-mini.28857+1.32234.log <==
[1] ""Worker rank: 2 of 4 on Wcomm[=3]""
    Host: Simons-Mac-mini      Rank(ID): 3 of Size: 5 on comm 1
==> Simons-Mac-mini.28857+1.32237.log <==
[1] ""Worker rank: 3 of 4 on Wcomm[=3]""
    Host: Simons-Mac-mini      Rank(ID): 4 of Size: 5 on comm 1
```

注意，我们可以查看由工作者使用 Rmpi::tailslave.log() 在它们各自的日志文件中创建的最新条目。作为测试的最后一步，让我们从主进程调用一个只有工作者的集体操作作为广播，然后通过以下代码彻底终止工作者进程：

```
> mpi.remote.exec(mpi.barrier(comm=Wcomm))
  X1 X2 X3 X4
1  1  1  1  1
> mpi.close.Rslaves()
[1] 1
```

瞧！这里，我们执行了所有集体操作的最简单调用 MPI_Barrier，它导致在 Wcomm 通信子中的所有进程（即，所有工作者）有效地同步到程序执行的相同点。在本章的后面，我们将探索 MPI 集体通信的全部设置。

 Rmpi:mpi.bcast.cmd() 与 mpi.remote.exec()

正如我们之前讨论的，Rmpi 利用主 / 工作者集群。它提供两种可选的在工作者中并行执行特定函数的方式，如下所示。

❑ mpi.bcast.cmd(cmd=NULL,...,rank=0,comm=1,nonblock=FALSE, sleep=0.1)：这个 Rmpi 调用通常只用于当所有工作者都在休眠并（或将）等待它们的下一个需要执行的（cmd）R 函数时，它由主进程触发。使用 Rmpi 的默认设置，每个工作者用 nonblock=TURE 时，反复调用它并

且通过 0.1 秒的短期闲置休眠来降低 CPU 开销。然而，mpi.bcast.cmd()
并不包括工作者返回主进程的结果。为此，需要 mpi.remote.exec()。

❑ mpi.remote.exec(cmd,...,simplify=TRUE,comm=1,ret=TRUE)：
这个 Rmpi 调用将收集计算函数（cmd）的结果（如果 ret=TURE）作为工
作者的返回值或者作为一个列表（simplify=FALSE）或者，如果可能，
作为一个 R 数据框（simplify=TURE）。

对于这些 Rmpi 调用，计算函数中使用的主进程变量的当前设置可以作为可
选参数（...）直接传送给工作者进程。例如，为了在工作者中并行计算 fn(x=
a, y=b)，需要调用 mpi.bcast.cmd(cmd=fn,x=a,y=b) 或 mpi.remote.
exec(fn, x=a,y=b)。

还应该注意，在这些调用中，主进程本身都不执行并行函数，事实上，使用
mpi.remote.exec(cmd,ret=TRUE) 它并不会这样做，它必须等待直到它已
经收集每个工作者的结果。如果你确实需要这样做，那么通常的模式是在主进
程调用 mpi.bcast.cmd() 后它立即执行并行函数。特别注意这个需求，并
行函数内部包含对默认通信子中的 MPI 集体通信的调用，因为主进程将必须
参与以防死锁现象的发生。

2.3.2 点对点非阻塞通信

在上一节中，学习了 MPI_Send 和 MPI_Recv。这些都是阻塞通信并给我们带
来了几个问题。首先，如果我们没有给定发送的匹配接收，那么我们的程序将会挂
起。它将处于死锁的状态中（关于死锁问题的讨论，参阅第 6 章）。其次，在一个数
据传输过程中涉及的这两个进程必须彼此等待做好准备以便开始传输。如果进程并
不是密切同步的，这可能会非常低效。例如，如果它们有不均衡的工作负载或执行
不同类型的计算。值得庆幸的是，MPI 的**非阻塞通信**可以帮助缓解这些问题，这就
是我们接下来将进行探讨的内容。

MPI_Isend 和 MPI_Irecv 是非阻塞通信的发送和接收变体。前缀 "I" 表示立
即，意思是一旦在 MPI 通信子系统中启动了发送或接收，控制的程序流立即返回到
调用进程。然而，重要的是了解，即使返回了 MPI_Isend 或 MPI_Irecv，但这并

不意味着数据已传输。我们需要执行单独的 MPI API 调用，MPI_Wait（或其变体之一），以确定特定的非阻塞发送或接收何时完成。直到确定非阻塞发送已经完成，才可以对发送的对象进行修改。它本质上是禁止的。同样，直到非阻塞接收已经完成，才可以读取由匹配发送修改的对象的状态。注意，一个非阻塞接收可以与一个阻塞发送相匹配，同样，一个阻塞接收可以与一个非阻塞发送相匹配。

　　下面的代码片段表示 Rmpi（rmpi_vectorSum）和 pbdMPI（pbdMPI_vectorSum）的非阻塞通信子中的两个进程的基本模式。该示例计算已排名的前导子 MPI 进程接收的数据与本地数据的组合矢量和。要注意的关键是，我们将给我们启动的每个非阻塞发送和接收分配一个唯一的请求编号，这样我们就有了一种查阅它的方式，以便在完成后可以检查它：

```
# Run these code snippets with at least two MPI processes
# For Rmpi you must use the workers-only communicator: Wcomm
rmpi_vectorSum <- function(com) {
  np <- comm.size(comm=com)
  myrank <- comm.rank(com)
  succ <- (myrank+1) %% np
  pred <- (myrank-1) %% np
  dataOut <- as.integer(1:10 + (myrank * 10))
  dataIn <- vector(mode=""integer"", length=10)
  mpi.isend(dataOut, 1, succ, 0, comm=com, request=1)
  mpi.irecv(dataIn, 1, pred, 0, comm=com, request=2)
  mpi.wait(2, status=2) # wait on receive
  dataSum <- dataOut + dataIn
  mpi.wait(1, status=1) # wait on send
  return(dataSum)
}

pbdmpi_vectorSum <- function(com) {
  np <- comm.size(comm=com)
  myrank <- comm.rank(com)
  succ <- (myrank+1) %% np
  pred <- (myrank-1) %% np
  dataOut <- as.integer(1:10 + (myrank * 10))
  dataIn <- vector(mode=""integer"", length=10)
  isend(dataOut, rank.dest=succ, comm=com, request=1)
  irecv(x.buffer=dataIn, rank.source=pred ,comm=com, request=2)
  wait(2, status=2) # wait on receive
  dataSum <- dataOut + dataIn
  wait(1, status=1) # wait on send
  return(dataSum)
}
```

现在，你有了所有知识，可以将前面的函数嵌入所需的代码结构中使它们运行并显示输出。完整的工作代码示例可在本书的网站上找到。

在下面的参照表中，详细阐述了所有的非阻塞通信以及附加的 MPI_Wait 变体。

非阻塞通信

MPI API 调用	pbdMPI 等价调用	Rmpi 等价调用
MPI_Isend (MPI Ref: p.49 ● buf：这是指向发送端本地连续内存缓冲区中第一个对象的地址指针 ● count：这是要发送的内存缓冲区中的对象的数量 ● datatype：这是根据对象的大小推断出的对象的定义类型的枚举 ● dest：这是通信子中发送目标进程的排名 ● tag：这是一个非负整数，只对调用者有影响 ● comm：这是将被传输的信息所在的通信子 ● request：这是一个与立即发送有关的通信请求的句柄）	isend(Robject, rank.dest=1, tag=0, comm=0, request=0) 返回：NULL 　pbdMPI::isend 的默认参数值是在 $SPMD.CT 中定义的，并可以在那里进行更改。	mpi.isend(x, type, dest, tag, comm=1, request=0) 返回：NULL mpi.isend.Robj(Robject, dest, tag, comm=1, request=0) 返回：NULL type 的有效值： ● 1＝整数 ● 2＝数字 ● 3＝字符

　　MPI_Isend 是一个非阻塞发送操作，它立即返回给调用者。它需要一个匹配的阻塞 MPI_Recv 或非阻塞 MPI_Irecv 操作。通过在与发送相关的请求句柄上调用 MPI_Wait 或 MPI_Test 来确定 MPI_Isend 操作是否完成。只有在了解了非阻塞发送已经完成时，修改传输对象的状态才是安全的。

　　参考前面表中所述的 MPI_Send。对于 pbdMPI 和 Rmpi，它们的 Isend 函数相当于与非阻塞通信唯一相关的整型请求句柄的和的阻塞变体

MPI API 调用	pbdMPI 等价调用	Rmpi 等价调用
MPI_Irecv (MPI Ref: p.51 ● buf：这是指向接收端本地连续内存缓冲区中第一个对象的地址指针 ● count：这是在内存缓冲区接收对象的数量 ● datatype：这是根据对象的大小推断出的对象的定义类型的枚举 ● dest：这是通信子中接收到的源进程的等级	irecv(x.buffer=NULL, rank.srce=0, tag=0, comm=0, request=0) 返回：Robject	mpi.irecv(x, type, srce, tag, comm=1, request=0) 返回：NULL

（续）

非阻塞通信		
<ul><li>tag：这是一个非负整数，只对调用者有影响</li><li>comm：这是被传输信息所在的通信子</li><li>request：这是一个与立即接收有关的通信请求处理）</li></ul>	pbdMPI::recv 的默认参数值是在 $SPMD.CT 中定义的，并可以在其中进行更改	

  MPI_Irecv 是一个非阻塞接收操作，它立即返回给调用者。它需要一个匹配的阻塞 MPI_Send 或非阻塞 MPI_Isend 操作。通过在与发送相关的请求处理上调用 MPI_Wait 或 MPI_Test 来确定 MPI_Irecv 操作是否完成。只有在了解了非阻塞接收已经完成时，读接收到的对象的状态才是安全的。

  参考上表中所述的 MPI_Recv。对于 pbdMPI 和 Rmpi，它们的 Irecv 函数相当于与非阻塞通信唯一相关的整型请求处理的阻塞变体。注意，Rmpi 并没有实现与 mpi.irecv.Robj() 等价的 mpi.isend.Robj() 方法。

MPI_Wait (MPI Ref: p.53 <ul><li>request：这是等待完成的 Isend/Irecv 通信句柄</li><li>status：这是关于完成通信的信息）</li></ul>MPI_Waitall (MPI Ref: p.59 <ul><li>count：这是等待的请求数量</li><li>requests：这是等待完成的 Isend/Irecv 通信的句柄的数组</li><li>statuses：这是每个对应请求完成相关的信息）</li></ul>MPI_Waitany (MPI Ref: p.57 <ul><li>count：这是等待的请求数量</li><li>requests：这是等待完成 count 个 Isend/Irecv 通信的句柄的数组</li><li>index：这是已经完成请求中的请求的数组索引</li><li>status：已完成通信的信息）</li></ul>MPI_Waitsome (MPI Ref: p.60 <ul><li>count：这是等待的请求数量</li><li>requests：这是等待完成 count 个 Isend/Irecv 通信的句柄的数组</li><li>countComplete：这是已完成的请求的数量</li><li>requestsComplete：这是已经完成的请求句柄的数组</li><li>statuses：这是每个对应请求完成的相关信息）</li></ul>	wait(request=0, status=0) 返回：NULL waitall(count) 返回：NULL waitany(count, status=0) 返回：NULL waitsome(count) 返回： list(countComplete, indices[count Complete])	mpi.wait(request=0, status=0) 返回：NULL mpi.waitall(count) 返回：NULL mpi.waitany(count, status=0) 返回：NULL mpi.waitsome(count) mpi.waitsome(count) 返回： list(countComplete, indices[countComplete])

(续)

非阻塞通信
MPI_Wait 有几个特点。基本的 mpi.wait() 函数使你等待一个特定的非阻塞通信请求，并用已完成通信（source 和 tag）的信息可选择地设置提供的状态句柄，这些信息可以通过随后访问 MPI_Probe 得到。 你可以自由创建你希望的许多未完成的非阻塞通信（当然，需要在资源限制内），那么你的代码可以选择等待一个或多个未完成的通信完成。 Rmpi 和 pbdMPI 通过保持它们自己的每个 MPI 进程内部的 MPI_Request 和 MPI_Status 对象的数组来简化 wait 的使用，（在撰写本书时）这是编译时间限制，对 Rmpi 而言，是每个 2000；对 pbdMPI 而言，分别是 10 000 和 5000。注意，当使用批量 wait 函数时，count 参数有效地确定请求句柄的范围是 0 到 count-1。记住这一点，并假设你在自己的 R 代码中增量地分配请求句柄数字，将执行集体 wait 函数，如下所示： mpi.waitany() 函数将等待第一个当前需要完成的未完成非阻塞 sends/recvs 提供的 count 参数并设置提供的 status 参数使能够检查已完成通信的相关信息（使用 MPI_Probe）。 The mpi.waitsome() 函数将等待未完成通信提供的 count 参数，返回请求数量的列表和已完成通信的请求句柄的向量。 The mpi.waitall() 函数只是等待未完成通信提供的所有 count 参数完成。

2.3.3 集体通信

我们已经遇到了最简单的 MPI 集体通信调用，即 MPI_Barrier。余下的 MPI 集体通信在图 2-2 中进行了解释，它介绍了一个有 3 个进程的通信子——也就是，发送数据对应发送进程排名、接收数据对应接收进程排名。

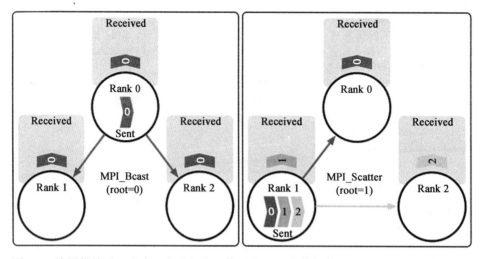

图 2-2　该图描绘了一个有 3 个进程的通信子的 MPI 集体操作 Bcast、Scatter 以及 Allgather。使用这些操作，可以以多种不同的模式对数据进行分发和组合以支持各种算法

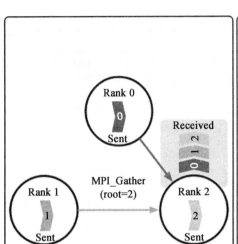

图 2-2 （续）

在许多集体通信中，将一个参与的进程指定为根进程，它将在操作中有一个特殊的作用，它作为整体消息来源或目标地，根据一个特定模式分发和组合数据。

由 pbdMPI 和 Rmpi 揭示的 MPI 集体通信的设置详情如下表所示。

分组通信（参考前面的图）

MPI API 调用	pbdMPI 等价调用	Rmpi 等价调用
MPI_Barrier（MPI Ref: p.147 ● comm：这是 barrier 执行的通信子）	barrier (comm=0) 返回：NULL 默认参数值定义在 $SPMD.CT 中，并可以在那里进行更改	mpi.barrier(comm =1) 返回：NULL
MPI_Barrier 是最简单的集体通信调用。它阻塞给定通信子中的所有进程，直到所有进程调用 MPI_Barrier。它可以用来在所有进程中创建一个共享代码执行同步点。如果通信子中的任何一个进程没有调用 MPI_Barrier，那么调用 MPI_Barrier 的所有进程将永远阻塞。		
MPI_Bcast（MPI Ref: p.148 ● buf：这是调用者本地连续内存中的第一个对象的基地址 ● count：这是要发送或接收的内存缓冲区中的对象的数量 ● datatype：这是根据对象的大小对象大小被推出的对象定义的枚举 ● root：这是在通信子中传输其数据到所有其他进程的源进程的排名	bcast(Robject, rank. source=0, comm=0) 返回：Robject	mpi.bcast(x, type, rank=0, comm=1, buffunit=100) 返回：在根进程中是 NULL，在其他进程中是 x 向量 mpi.bcast. Robj(Robject, rank=0, comm=1)

（续）

分组通信（参考上图）		
● comm：这是通信子，在其中广播消息）		返回：在根进程中是 NULL，在其他进程中是 Robject mpi.bcast. Rfun2slave(comm=1) mpi.bcast. Robj2slave(Robject=null, comm=1, all=FALSE) mpi.bcast. data2slave(R matrix or vector of type double, comm=1, buffunit=100) type 的有效值是： ● 1＝整数 ● 2＝数字 ● 3＝字符

所有进程都必须用与根进程和通信子相同的值调用 MPI_Bcast；否则，可能会出现死锁。根进程将其数据传送给每一个其他进程，其他进程必须有足够的内存缓冲区空间来接收发送的数据。

在 pbdMPI 中，rank.source 是根进程。在 Rmpi 中，rank 是根进程，buffunit 是要广播的向量中的 type 数据条目的数量。

Rmpi.bcast 调用用来传输简单的整数、数字或字符类型的向量数据。

Rmpi 的 Robj2slave（如果 all=TURE，将所有主进程对象传送到工作者进程）、Rfun2slave（将所有主进程的 R 函数定义传送到工作者进程）和 Rdata2slave（快速传送主进程中的一个 double 类型的数组）方便的函数是内置 Rmpi 集群框架的一部分，并且总是将数据从主进程传送到工作者进程。正如我们在本章前面讨论的，当没有处理任务时，工作者进程总是等待主进程的下一个广播消息。

MPI_Scatter (MPI Ref: p.159	scatter(x,	mpi.scatter(x,
● sendbuf：这是调用者本地连续内存中的对象的基地址 ● sendcount：这是发送的对象的数量 ● sendtype：这是要发送的对象的数据类型 ● recvbuf：这是接收数据的缓冲区的地址指针 ● recvcount：这是可以接收的缓冲区的对象的数量 ● recvtype：这是要接收对象的数据类型	x.buffer=NULL, x.count=NULL, displs=NULL, rank.source=0, comm=0)	type, rdata, root=0, comm=1) mpi.scatterv(x, scounts, type, rdata, root=0, comm=1) type 的有效值是： ● 1＝整数 ● 2＝数字 ● 3＝字符

（续）

分组通信（参考上图）		
● root：这是传输数据的源进程的排名 ● comm：这是这次分散数据操作的通信子） ● 同样，观察以下函数： MPI_Scatterv (MPI Ref: p.161 　sendbuf, 　sendcounts[comm.size]：这是发送到相关排名进程的数据个数（counts）的数组 　displs[comm.size]：这是应用于sendbuf 中的位移偏移量，从此处发送第 i 个数据到排名为 i 的进程中 　sendtype,recvbuf,recvcount,recvtype,root,comm)		

MPI_Scatter 本质上是 MPI_Bcast 的更复杂形式，其中每一个接收进程接收它自己的独立的广播数据的子集。本质上，在 MPI 通信子中有 N 个进程，根进程的数据划分分为 i＝1..N 大小相等的部分（每一部分的大小由 sendcount 和 type 定义），将第 i 部分发送到对应的排名为 i 的进程中。

MPI_Scatterv 扩展了基本的分散操作，使根进程可以将不同大小数据段发送给每一个其他的进程。dipls 位移偏移量数组可以从发送缓冲区中分发不连续的数据段。

在 R 中，分散操作通常用于数值向量和矩阵。

| MPI_Gather (
● sendbuf：这是调用者本地连续内存中对象的基地址
● sendcount：这是要发送对象的数量
● sendtype：这是要发送对象的数据类型
● recvbuf：这是接收数据的缓冲区的基地址
● recvcount：这是缓冲区中可以接收的对象的数量
● recvtype：这是接收对象的数据类型
● root：这是接收数据的目标进程的排名
● comm：这是本次收集操作的通信子）
同样，让我们观察以下函数：
MPI_Allgather (
sendbuf,sendcount,sendtype,recvbuf,recvcount,recvtype,comm | gather(x ,
x.buffer=NULL,
x.count=NULL,
displs=NULL,
rank.dest=0,
comm=1,
unlist=FALSE)
返回：NULL
allgather(x,
x.buffer=NULL,
x.count=NULL,
displs=NULL,
comm=1,
unlist=FALSE)
返回：NULL | mpi.gather(x, type,
rdata, root=0,
comm=1)
mpi.gatherv(x,
type, rdata,
rcounts, root=0,
comm=1)
mpi.allgather(x,
type, rdata,
comm=1)
mpi.allgatherv(x,
type, rdata,
rcounts, comm=1)
type 的有效值是：
● 1＝整数
● 2＝数字
● 3＝字符 |

（续）

分组通信（参考上图）		

)
MPI_Gatherv (
sendbuf,sendcount,sendtype,recvbuf,
  recvcounts[comm.size]: 这是从相关排名的进程中接收数据的计数（counts）的数组
  displs[comm.size]: 这是应用于recvbuf的位移偏移量，从此处接收第 i 个数据到排名为 i 的进程中
)
同样，让我们观察以下函数:
MPI_Allgatherv (
sendbuf,sendcount,sendtype,
recvcounts,displs,recvtype,comm
)		

MPI_Gather 与 MPI_Scatter 相反，同样，MPI_Gatherv 也与 MPI_Scatterv 相反。MPI_Gather 收集通信子中所有进程到指定根进程的相同数量的数据。MPI_Gatherv 对此进行扩展，可以从每个进程中收集不同数量的数据并将数据放置在聚合接收缓冲区内的非连续偏移量中。

在 R 中，对数值向量和矩阵通常使用收集操作。

| MPI_Reduce (MPI ref: p.174
  ● sendbuf: 这是要发送的数据元素
  ● recvbuf: 这是存放汇总简化数据的缓冲区
  ● count: 这是数据元素的总数
  ● datatype: 这是数据元素的类型
  ● op: 这是应用于数据的简化操作
  ● root: 这是接收简化数据的进程的排名
  ● comm: 这是本次简化的通信子) | reduce(x,
x.buffer=NULL,
op=""sum"",
rank.dest=0,
comm=1)
allreduce(
x, x.buffer=NULL,
op=""sum"",
comm=1
) | mpi.reduce(x,
type=2, op,
dest=0, comm=1)
mpi.allreduce(
x, type=2, op,
comm=1
)
type 的有效值是:
  ● 1＝整数
  ● 2＝数字 |
| 同样，观察以下函数:
MPI_Allreduce (MPI ref: p.187
sendbuf,recvbuf,count,
datatype,
op,comm) | | |

可以认为 MPI_Reduce 是 MPI_Gather 的一个扩展。它对所有进程向主进程传送的数据执行额外的简化，根据以下的数学运算之一: sum、prod、max、min、maxloc 以及 minloc。在 R 中，简化操作用来处理数值数据。加、乘、最大值和最小值操作是无需解释的。maxloc 操作返回具有最大值的简化向量和具有最大值的进程排名的序列对。同样，minloc 返回最小值和具有最小值的进程排名。

MPI_Allreduce 扩展了该行为，使得在通信子中的所有进程都接收最后的结果而不仅仅是一个进程。

PBD：这是在 R 中用大数据编程的一种更高层次的抽象。对于用 R 传递信息的更多情况，可以参考优秀的 pbdR 书籍《Speaking Serial R with a Parallel Accent》。它给出了额外有用的高级编程大数据包的全面阐述，该包专门使用 pbdMPI。可以从下面的 CRAN 链接免费获得：`https://cran.rproject.org/web/packages/pbdDEMO/vignettes/pbdDEMO-guide.pdf`。

2.4　总结

现在可以暂时休息一会儿。在本章中，我们介绍了基本概念以及 MPI API。学习了如何与 OpenMPI 结合来利用 `Rmpi` 和 `pbdMPI` 包。我们探讨了在 R 中阻塞和非阻塞通信的一些简单例子并介绍了在 MPI 中的集合通信操作。我们深入了解 `Rmpi` 包自己的主 / 工作者模式的底层实现以便管理 R 代码的并行执行。你现在拥有足够的基础在 R 中编写各种高度可扩展的 MPI 程序。

在下一章中，我们将通过介绍空间网格式并行性的一个特别 MPI 示例，完成关于 MPI 的讨论，并简单阐述在 R 中其他更深奥的 MPI API 函数。

第 3 章

高级消息传递

本章我们通过关注消息传递更高级的方面，继续 MPI 的学习之旅。特别地，我们探讨一个特定的结构化方法，它能有效地处理空间组织数据的分布式计算，该方法称为网格并行性。我们将通过一个图像处理的详细例子来说明非阻塞通信的使用，其中包括进程间消息交换的本地模式，基于一个适当配置的 Rmpi 主 / 工作者集群。

在本章中，我们将讨论其他的 MPI API 调用，包括 `MPI_Cart_create()`、`MPI_Cart_rank()`、`MPI_Probe` 和 `MPI_Test`，并简要回顾在第 1 章首次遇到的 `parLapply()`（也提到了 snow 程序包）。

因此，闲话少说，让我们探讨如何使用 R 中的 MPI 来执行面向空间的并行处理。

3.1 网格并行性

网格并行性自然与图像处理对齐，其中的操作可以以如下形式投射：作用于数据的每个单元值的一个特定的局部区域。通常，单元值在 2D 图像数据中称为像素，在 3D 图像数据中称为体素（三维像素）。当然，网格可以是 N 维矩阵结构，但作为人类，搞清楚超过 4D 的情况有些困难。

有效的网格并行性的关键在于一系列平行过程的数据的分布映射和每个过程之间的互相影响，因为它们可能彼此交换数据以适应迭代运算，该运算需要访问比每个进程本地所拥有的更多的数据。考虑一个简单但非常大的正方形 2D 图像，我们有一个 9 个独立可用计算核心的集群。为了说明这一点，我们将添加一个约束，即每个计算节点只有比总图像的 1/9 多一点的足够的数据内存。在集群的 9 个 MPI 进程中，现在有两个明显的方法可以分解图像。我们可以把数据分成 9 个大小相等的平铺正方形，其中集群作为 3×3 的网格，或者分成 9 个大小相等的相邻条纹（有效地，1×9 网格）。这两个选项描述如图 3-1 所示。

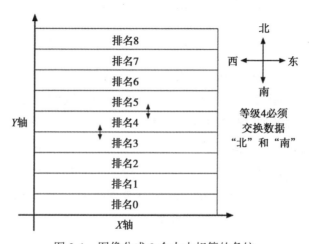

图 3-1 图像分成 9 个大小相等的条纹

正如我们所见，与平铺（tiled）法相比，条纹法意味着在条纹边界进程间的信息交换更少。在前一种情况下，排名 4 必须和它的两个邻居（3 和 5）交换；在后一种情况下，假设对角线上需要交换，而不只是与基本邻居交换，那么排名 4 可能需要与其他所有 8 个进程进行交换，如图 3-2 所示。

我们也应该承认两种不同方法的进程间需要的通信量是不均衡的。在条纹情况下，只有排名 0 和排名 8 执行一次信息交换，其余所有的都要执行两次信息交换。在平铺情况下，排名 0、2、6 和 8（角）有 3 次信息交换；排名 1、3、5 和 7（基本邻居）有 5 次信息交换，排名 4 独自有 8 次信息交换。这意味着在平铺情况下，处理的总体效率由排名 4 决定，其执行信息交换的次数比平均值多一倍，因此，其他进程必然会以等待它们交换数据而结束。

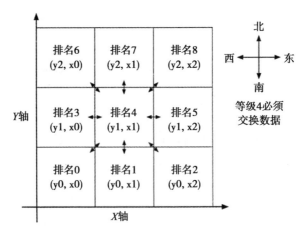

图 3-2 图像分成 9 个相同的正方形块。坐标规则是 (y, x) 以反映 R 编码

在这种规模下很可能就是这种情况。然而，我们也应该注意到相比于条纹情况，平铺情况下邻居间用于交换的数据量较少。由于随着我们增加网格中进程的数量，信息交换的平均个数增加（有更多的内部块），所以邻居间交换的数据量的差别也支持平铺的情况。此外，平铺情况下交换的数据量减少（块大小减小，边界周长减少），然而，在条纹情况下，条纹边界的长度保持不变。另外，若数据处理的类型要求数据交换覆盖在网格边界上，则网格中的所有进程将需要参加相同次数的邻居交换。这个例子强调对一个给定的并行性规模而言，为什么考虑数据如何分配和映射以及它可能如何影响通信的效率从而影响总体运行时间是重要的。

既然我们已经对网格并行性有了很好的了解，就让我们运行一些代码。

3.1.1 创建网格集群

通常，MPI 包含多种效用函数以帮助配置 MPI 范围为网格。本质上，这归结于将 MPI 进程排名的线性集合映射为多维坐标系。

下面基于 Rmpi 的代码建立了一个给定维度的正方形网格。它也将一个特定的新的 comm 句柄与这个网格相关联，以便于从其他进程中分离出网格通信，尤其是从没有在网格计算本身起作用的 Rmpi 主进程中分离出那些通信。

```
Worker_makeSquareGrid <- function(comm,dim) {
  grid <- 1000 + dim    # assign comm handle for this size grid
```

```
dims <- c(dim,dim)     # dimensions are 2D, size: dim X dim
periods <- c(FALSE,FALSE)  # no wraparound at outermost edges
if (mpi.cart.create(commold=comm,dims,periods,commcart=grid))
{
  return(grid)
}
return(-1) # An MPI error occurred
}
```

注意，使用 mpi.cart.create() 为一组目前的 MPI 进程构建了一个笛卡尔排名 / 网格映射，并且把一个新的特定的通信子句柄与网格相关联。我们知道，Rmip 保留了它自己的内部 MPI 句柄引用的数组，我们用于通信子关联的句柄引用必须是这个数组中当前未使用的索引（因此，1000 偏移量）。尽管对我们而言这不是理想的编码，鉴于 Rmpi 暴露出的接口的性质，但它是务实的。

既然已经通过 Rmpi 建立了网格关联，那么我们就可以对每一个进程使用它的 mpi.cart.coords() 和 mpi.cart.rank() 函数来找出它是网格中的哪个单元以及它邻居的排名。没有这些信息，我们就不能决定应该与哪个其他排名的进程交换图像边界信息。在网格中不能自动将一个特定的排名分配给一个特定的坐标，所以，我们需要明确地询问它们之间创建了什么关联。

```
worker_initSpatialGrid <- function(dim,comm=Wcomm)
{
  Gcomm <- worker_makeSquareGrid(dim,comm)
  myRank <- mpi.comm.rank(Gcomm)
  myUniverseRank <- mpi.comm.rank(1) # Lookup rank in cluster
  myCoords <- mpi.cart.coords(Gcomm,myRank,2)
  myY <- myCoords[1]; myX <- myCoords[2]; # (y^,x)
  coords <- vector(mode="list", length=8)
  neighbors <- rep(-1,8)
  if (myY+1 < dim) {
    neighbors[N] <- mpi.cart.rank(Gcomm,c(myY+1,myX))
  }
  if (myX+1 < dim && myY+1 < dim) {
    neighbors[NE] <- mpi.cart.rank(Gcomm,c(myY+1,myX+1))
  }
  if (myX+1 < dim) {
    neighbors[E] <- mpi.cart.rank(Gcomm,c(myY,myX+1))
  }
  if (myX+1 < dim && myY-1 >= 0) {
    neighbors[SE] <- mpi.cart.rank(Gcomm,c(myY-1,myX+1))
  }
  if (myY-1 >= 0) {
```

```
    neighbors[S] <- mpi.cart.rank(Gcomm,c(myY-1,myX))
  }
  if (myX-1 >= 0 && myY-1 >= 0) {
    neighbors[SW] <- mpi.cart.rank(Gcomm,c(myY-1,myX-1))
  }
  if (myX-1 >= 0) {
    neighbors[W] <- mpi.cart.rank(Gcomm,c(myY,myX-1))
  }
  if (myX-1 >= 0 && myY+1 < dim) {
    neighbors[NW] <- mpi.cart.rank(Gcomm,c(myY+1,myX-1))
  }
  # Store reference for neighbor comms
  assign("Neighbors", neighbors, envir=.GlobalEnv)
  # Store reference for grid communicator
  assign("Gcomm", Gcomm, envir=.GlobalEnv)
  return(list(myY,myX,myUniverseRank))
}
```

前述的 initSpatialGrid() 函数确定调用的 MPI 进程、它的排名、网格坐标以及与它的 8 个邻居的调用。在它没有邻居的地方，将它邻居的排名设置为 –1，因为调用的 MPI 进程位于网格边缘。我们将在 MPI 范围内对映射排名的坐标返回给主进程以便它可以决定哪一个图像块将发送给哪一个排名的工作者。我们也存储邻居和网格通信子作为全局变量，以便当主进程以后调用它时在工作者的独立处理循环提供参考。

3.1.2 边界数据交换

图 3-3 描述了数据交换的模式。每个独立进程都有自己图像的选取，并且额外需要由图像相邻进程的内部单像素边界填充的外部单像素边界进行操作。图 3-3 中的着色设计显示了每个进程是如何和它的相邻进程构成数据重叠部分的。那些占据图像一定区域（即处于完整图像的真正边缘）的进程（在这种情形下，除排名 4 以外的所有进程），在这个边上（灰色地带）有一段人工重叠边界，它用超出标准像素图像值范围的值填充（在我们的灰度级图像中，像素值的标准有效范围是 0 至 255）。它简化了中值滤波函数的编码，而不用干扰生成的滤波结果。

中值过滤是 3×3 的窗口算子。若我们使用更大的窗口算子，则我们需要通过必要的像素数来扩大重叠边界。

正如我们在前面的图像中看到的，建立数据访问交换集合的模式有一点点复杂性。

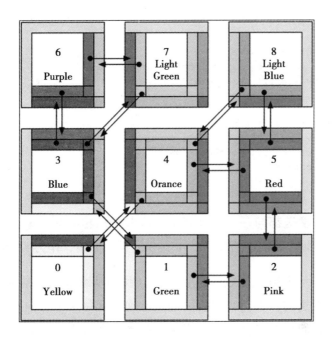

图 3-3　进程间的边界数据交换的模式，部分交换用箭头高亮显示以便清晰

下面是一个执行基于本地正方形图像数组（img）的边界交换的实现，该数组直接包括一个像素重叠。这里我们显示了无阻塞发送序列：

```
% local image tile has one pixel shared border
edge <- ncol(img)-1 # image is square: ncol=nrow
sbuf <- vector(mode="list", length=8) # 8 send buffers
req <- 0
# non-block send my tile data boundaries to my neighbors
if (neighbors[N]>=0) { # north
  sbuf[[N]] <- img[2,2:edge]
  mpi.isend(sbuf[[N]],1,neighbors[N],N,comm=comm,request=req)
  req <- req + 1
}
if (neighbors[NE]>=0) { # ne
  sbuf[NE] <- img[2,edge] # top-right inner cell
  mpi.isend(sbuf[[NE]],1,neighbors[NE],NE,
            comm=comm,request=req)
  req <- req + 1
}
... # Sends to East, South-East and South not shown
if (neighbors[SW]>=0) { # sw
  sbuf[[SW]] <- img[edge,2] # bottom-left inner cell
  mpi.isend(sbuf[[SW]],1,neighbors[SW],SW,
comm=comm,request=req)
```

```
    req <- req + 1
}
if (neighbors[W]>=0) { # west
  sbuf[[W]] <- img[2:edge,2] # leftmost inner col
  mpi.isend(sbuf[[W]],1,neighbors[W],W,comm=comm,request=req)
  req <- req + 1
}
if (neighbors[NW]>=0) { # nw
  sbuf[[NW]] <- img[2,2] # top-left inner cell
  mpi.isend(sbuf[[NW]],1,neighbors[NW],NW,
comm=comm,request=req)
  req <- req + 1
}
```

每一个无阻塞发送都与一个从 0 到 7 的请求句柄相关联，编号同样为 1 到 8 从北顺时针旋转到西北。我们也给发送从 1 到 8 设置了标签，作为明确的方向标记。

接下来我们展示无阻塞接收，尽管注意到我们从北面的邻居接收数据，例如，是其最内层向南发送的数据。我们需要确保准确匹配每一个方向对的这些相反的位置，然而，由于我们只有来自每一个指南针基本的和基本邻居间的单个信息，所以建立接收信息的 tag 是没必要的，即，我们可以只使用 mpi.any.tag()：

```
# Set-up non-blocking receives for incoming boundary data
# Local image tile has one pixel shared border
len <- ncol(img)-2
rbuf <- vector(mode="list", length=8) # 8 receive buffers
for (i in 1:8) {
  if (neighbors[i]>=0) {
    rbuf[[i]] <- integer(length=len)
    tag <- mpi.any.tag()
    mpi.irecv(rbuf[[i]],1,neighbors[i],tag,
comm=comm,request=req)
    req <- req + 1
  }
}
```

接收缓冲区的大小

注意，我们没有把每个接收缓冲区准确地按大小排列，这样简化了编码，但是如果让每一个缓冲区都与最大的数据量一样大，我们将可以接收任意发送端发送的数据。

图像处理迭代的下一步是完成边界交换。这要求我们只是等待已经创建的所有未完成的通信请求并有效地保存 req 变量的计数。

mpi.waitall (req)

既漂亮又简单——我们只需要等待未完成请求（包括发送和接收）的总数目，我们已经给它分配了从 0 到 15 的请求句柄来完成。

现在我们接下来要做的是把各个缓冲区中接收到的数据重新映射到我们的图像数组中，为接下来的处理迭代做准备。

```
# Unpack received boundary data into my image tile
n <- ncol(img)
if (neighbors[N]>=0) { # north
  img[1,2:edge] <- rbuf[[N]] # top row
}
if (neighbors[NE]>=0) { # ne
  img[1,n] <- rbuf[[NE]][1] # top-right cell
}
if (neighbors[E]>=0) { # east
  img[2:edge,n] <- rbuf[[E]] # rightmost column
}
if (neighbors[SE]>=0) { # se
  img[n,n] <- rbuf[[SE]][1] # bottom-right cell
}
if (neighbors[S]>=0) { # south
  img[n,2:edge] <- rbuf[[S]] # bottom row
}
if (neighbors[SW]>=0) { # sw
  img[n,1] <- rbuf[[SW]][1] # bottom-left cell
}
if (neighbors[W]>=0) { # west
  img[2:edge,1] <- rbuf[[W]] # leftmost column
}
if (neighbors[NW]>=0) { # nw
  img[1,1] <- rbuf[[NW]][1] # top-left cell
}
```

为了把所有这些结合在一起，现在我们需要实现应用于每个进程所保存的图像部分的算子。在我们的示例中，我们使用中值滤波，所以让我们探索下一步是什么。

3.1.3　中值滤波

在图像处理中使用了大量的局部化的、相邻导向的处理算子。对于我们的示例，我们将使用中值滤波：一个经典的用于去除图像中噪声的平滑算子。这是一个相对简单的，它可以用于对一个图像进行多次处理，所以对于我们的教学目的，它是理想的。你可能凭直觉知道，该运算把输出中的目标像素值设置为输入中的像素的有序排名和它周围像素值的中值（参考 https://en.wikipedia.org/wiki/Median_filter）。图 3-4 描述了 3×3 邻域窗口的运算，位于目标像素的中心。

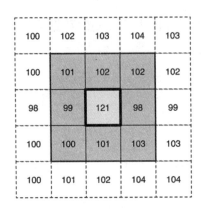

图 3-4　3×3 像素窗口的中值滤波，它适用于更大的灰度图像中的单个像素

下面给出了中值滤波的简单实现：

```
medianFilterPixel3 <- function(y,x,img) {
  v <- vector("integer",9) # bottom-left to top-right
  v[1]<-img[y-1,x-1]; v[2]<-img[y-1,x]; v[3]<-img[y-1,x+1];
  v[4]<-img[y,  x-1]; v[5]<-img[y,  x]; v[6]<-img[y,  x+1];
  v[7]<-img[y+1,x-1]; v[8]<-img[y+1,x]; v[9]<-img[y+1,x+1];
  s <- sort(v); # sort by pixel value (default ascending)
  return (s[5]) # return the middle value of the nine
}
```

显而易见：窗口的 9 个像素值构成了一个向量，随后对它排序，挑选出放置在中间的值。

3.1.4　平铺分配图像

不要介意双关语，图片的最后部分是图像本身。出于测试的目的，我们创建一个大的正方形灰度图像作为例子，并应用了一些随机噪声来使中值滤波平滑。然后这个大的图像由主进程分配为 P 个等大的块，通过 P 个工作者进程的 Rmpi 网格，

形成局部块数组。然后，用超出范围的数据值初始化图片边界数据，为工作者进程
做准备。下面是主进程执行的代码：

```
# We create large B/W image array with values in range 101-111
height <- Height; width <- Width;
image1 <- matrix(sample(101:111,height*width,replace=TRUE),
                 height,width)
# We add a bit of white saturation noise (pixel value=255)
image1[height/6,width/6] <- 255
...
image1[height/1.5,width/1.5] <- 255

# Tell the workers to process the image (3 pass MedianFilter)
# The Workers first wait to receive their local tile from the
# Master,then do their multi-pass image processing, then finally #
send their processed tiles back to the Master.
mpi.bcast.cmd(worker_gridApplyMedianFilter(3))
Start <- proc.time()

# We split the image into non-overlapping square grid tiles
# and distribute one per Worker
twidth <- width/dim # tile width
theight <- height/dim # tile height
for (ty in 0:(dim-1)) { # bottom-left to top-right
  sy <- (ty * theight) +1
  for (tx in 0:(dim-1)) {
    sx <- (tx * twidth) +1
    tile <- image1[sy:(sy+theight-1),sx:(sx+twidth-1)]
    # Send tile to the appropriate Worker
    worker <- workerRanks[ty+1,tx+1]
    mpi.send.Robj(tile,worker,1,comm=1)
  }
}
```

随后，主进程只是等着接收网格工作者处理的图像块，并放置它们来重组图像：

```
# Master receives output tiles in sequence and unpacks
# each into its correct place to form the output image
for (ty in 0:(dim-1)) { # bottom-left to top-right
  sy <- (ty * theight) +1
  for (tx in 0:(dim-1)) {
    sx <- (tx * twidth) +1
    # Receive tile from the appropriate Worker
    worker <- workerRanks[ty+1,tx+1]
    tile <- mpi.recv.Robj(worker,2,comm=1)
    image2[sy:(sy+theight-1),sx:(sx+twidth-1)] <- tile
  }
}
```

处理图像块

下面是在完整的代码中网格工作者执行的代码，它包含在一个函数中，它是主进程用 `mpi.bcast.cmd()` 在工作者网格中执行的函数。

```
# Worker Grid Function: worker_gridApplyMedianFilter()
# Receive tile from Master on Rmpi default comm
tile <- mpi.recv.Robj(0,1,comm=1,status=1)

# Create local image with extra pixel boundary
theight <- nrow(tile); iheight <- theight+2;
twidth <- ncol(tile); iwidth <- twidth+2;
img <- matrix(0L,nrow=iheight,ncol=iwidth)

# Initialize borders with out-of-bound pixel values
# These values will be sorted to the ends of the set of 9
# and so will not interfere with the real image values
img[1,1:iwidth] <- rep(c(-1,256),times=iwidth/2)
img[1:iheight,1] <- rep(c(-1,256),times=iheight/2)
img[iheight,1:iwidth] <- rep(c(256,-1),times=iwidth/2)
img[1:iheight,iwidth] <- rep(c(256,-1),times=iheight/2)

# Set internal bounded area to the received tile
img[2:(theight+1),2:(twidth+1)] <- tile
...
```

一旦构建了图像，每一个工作者进入它的处理序列，使用之前描述的代码段。处理序列如下所示：

1）每一个工作者交换边界数据，包括无阻塞发送和无阻塞接收的集合，以及它的邻居。

2）然后它将中值滤波算子应用于内部图像块构成的正方形中的所有像素。

3）对某些已选定次数的迭代，重复步骤 1）和步骤 2）。

4）然后，将产生滤波图像块数据返回给主进程。

下一节提供了所有基于网格的中值滤波处理程序的完整注释代码。

3.1.5 中值滤波网格程序

下面列出的代码描述了用 `Rmpi` 实现的基于网格的中值滤波的完整程序，并分解成几个部分说明本章前面开发代码的各个步骤：

```
##
## Copyright 2016 Simon Chapple
##
## Packt: "Mastering Parallelism with R"
## Chapter 3 - Advanced MPI Grid Parallelism Median Filter
##
library(Rmpi)

# Useful constants
Height<-200; Width<-200; # Size of image
Dim<-2; # Square size of grid
N<-1; NE<-2; E<-3; SE<-4; # Neighbor compass directions
S<-5; SW<-6; W<-7; NW<-8;
```

生成网格集群：

```
worker_makeSquareGrid <- function(dim,comm)
{
  print(paste0("Base grid comm=",comm," dim=",dim))
  grid <- 1000 + dim     # assign comm handle for this size grid
  dims <- c(dim,dim)      # dimensions are 2D, size: dim X dim
  periods <- c(FALSE,FALSE)  # no wraparound at outermost edges
  if (mpi.cart.create(commold=comm,dims,periods,commcart=grid))
  {
    return(grid)
  }
  return(-1) # An MPI error occurred
}


worker_initSpatialGrid <- function(dim,comm=Wcomm)
{
  Gcomm <- worker_makeSquareGrid(dim,comm)
  myRank <- mpi.comm.rank(Gcomm)
  myUniverseRank <- mpi.comm.rank(1) # Lookup rank in cluster
  print(paste("myRank:",myRank))
  myCoords <- mpi.cart.coords(Gcomm,myRank,2)
  print(paste("myCoords:",myCoords))
  # (y^,x>) co-ordinate system
  myY <- myCoords[1]; myX <- myCoords[2];
  coords <- vector(mode="list", length=8)
  neighbors <- rep(-1,8)
  if (myY+1 < dim) {
    neighbors[N] <- mpi.cart.rank(Gcomm,c(myY+1,myX))
  }
  if (myX+1 < dim && myY+1 < dim) {
    neighbors[NE] <- mpi.cart.rank(Gcomm,c(myY+1,myX+1))
  }
  if (myX+1 < dim) {
    neighbors[E] <- mpi.cart.rank(Gcomm,c(myY,myX+1))
```

```
  }
  if (myX+1 < dim && myY-1 >= 0) {
    neighbors[SE] <- mpi.cart.rank(Gcomm,c(myY-1,myX+1))
  }
  if (myY-1 >= 0) {
    neighbors[S] <- mpi.cart.rank(Gcomm,c(myY-1,myX))
  }
  if (myX-1 >= 0 && myY-1 >= 0) {
    neighbors[SW] <- mpi.cart.rank(Gcomm,c(myY-1,myX-1))
  }
  if (myX-1 >= 0) {
    neighbors[W] <- mpi.cart.rank(Gcomm,c(myY,myX-1))
  }
  if (myX-1 >= 0 && myY+1 < dim) {
    neighbors[NW] <- mpi.cart.rank(Gcomm,c(myY+1,myX-1))
  }
  # Store reference for neighbor comms
  assign("Neighbors", neighbors, envir=.GlobalEnv)
  # Store reference for grid communicator
  assign("Gcomm", Gcomm, envir=.GlobalEnv)
  return(list(myY,myX,myUniverseRank))
}
```

边界数据交换：

```
worker_boundaryExchange <- function(img,neighbors,comm)
{
  # More efficient to set-up non-blocking receives then sends
  neighbors <- Neighbors; comm <- Gcomm;

  # Set-up non-blocking receives for incoming boundary data
  # Local image tile has one pixel shared border
  len <- ncol(img)-2
  rbuf <- vector(mode="list", length=8) # 8 receive buffers
  req <- 0
  for (i in 1:8) {
    if (neighbors[i]>=0) {
      rbuf[[i]] <- integer(length=len)
      tag <- mpi.any.tag()
    mpi.irecv(rbuf[[i]],1,neighbors[i],tag,
    comm=comm,request=req)
      req <- req + 1
    }
  }

  edge <- ncol(img)-1 # image is square: ncol=nrow
  sbuf <- vector(mode="list", length=8) # 8 send buffers
  # non-block send my tile data boundaries to my neighbours
```

```
  if (neighbors[N]>=0) { # north
    sbuf[[N]] <- img[2,2:edge]
    mpi.isend(sbuf[[N]],1,neighbors[N],N,comm=comm,request=req)
    req <- req + 1
  }
  if (neighbors[NE]>=0) { # ne
    sbuf[NE] <- img[2,edge] # top-right inner cell
    mpi.isend(sbuf[[NE]],1,neighbors[NE],NE,
  comm=comm,request=req)
    req <- req + 1
  }
if (neighbors[E]>=0) { # east
  sbuf[[E]] <- img[2:edge,edge] # rightmost inner col
  mpi.isend(sbuf[[E]],1,neighbors[E],E,comm=comm,request=req)
  req <- req + 1
}
if (neighbors[SE]>=0) { # se
  sbuf[[SE]] <- img[edge,edge] # bottom-right inner cell
  mpi.isend(sbuf[[SE]],1,neighbors[SE],SE,
comm=comm,request=req)
  req <- req + 1
}
if (neighbors[S]>=0) { # south
  sbuf[[S]] <- img[edge,2:edge] # bottom inner row
  mpi.isend(sbuf[[S]],1,neighbors[S],S,comm=comm,request=req)
  req <- req + 1
}
if (neighbors[SW]>=0) { # sw
  sbuf[[SW]] <- img[edge,2] # bottom-left inner cell
  mpi.isend(sbuf[[SW]],1,neighbors[SW],SW,
comm=comm,request=req)
  req <- req + 1
}
if (neighbors[W]>=0) { # west
  sbuf[[W]] <- img[2:edge,2] # leftmost inner col
  mpi.isend(sbuf[[W]],1,neighbors[W],W,comm=comm,request=req)
  req <- req + 1
}
if (neighbors[NW]>=0) { # nw
  sbuf[[NW]] <- img[2,2] # top-left inner cell
  mpi.isend(sbuf[[NW]],1,neighbors[NW],NW,
comm=comm,request=req)
  req <- req + 1
}

mpi.waitall(req) # Wait for all boundary comms to complete

# Unpack received boundary data into my image tile
```

```
n <- ncol(img)
if (neighbors[N]>=0) { # north
  img[1,2:edge] <- rbuf[[N]] # top row
}
if (neighbors[NE]>=0) { # ne
  img[1,n] <- rbuf[[NE]][1] # top-right cell
  }
  if (neighbors[E]>=0) { # east
    img[2:edge,n] <- rbuf[[E]] # rightmost column
  }
  if (neighbors[SE]>=0) { # se
    img[n,n] <- rbuf[[SE]][1] # bottom-right cell
  }
  if (neighbors[S]>=0) { # south
    img[n,2:edge] <- rbuf[[S]] # bottom row
  }
  if (neighbors[SW]>=0) { # sw
    img[n,1] <- rbuf[[SW]][1] # bottom-left cell
  }
  if (neighbors[W]>=0) { # west
    img[2:edge,1] <- rbuf[[W]] # leftmost column
  }
  if (neighbors[NW]>=0) { # nw
    img[1,1] <- rbuf[[NW]][1] # top-left cell
  }
  return(img)
}
```

中值滤波：

```
medianFilterPixel3 <- function(y,x,img) {
  v <- vector("integer",9) # bottom-left to top-right
  v[1]<-img[y-1,x-1]; v[2]<-img[y-1,x]; v[3]<-img[y-1,x+1];
  v[4]<-img[y,  x-1]; v[5]<-img[y,  x]; v[6]<-img[y,  x+1];
  v[7]<-img[y+1,x-1]; v[8]<-img[y+1,x]; v[9]<-img[y+1,x+1];
  s <- sort(v); # sort by pixel value (default ascending)
  return (s[5]) # return the middle value of the nine
}
```

处理图像块：

```
worker_gridApplyMedianFilter <- function(niters)
{
  # Receive tile from Master on Rmpi default comm
  tile <- mpi.recv.Robj(0,1,comm=1,status=1)

  # Create local image with extra pixel boundary
  theight <- nrow(tile); iheight <- theight+2;
  twidth <- ncol(tile); iwidth <- twidth+2;
  print(paste("Received tile:",theight,twidth))
```

```
  img <- matrix(0L,nrow=iheight,ncol=iwidth)

  # Initialize borders with out-of-bound pixel values
  # These values will be sorted to the ends of the set of 9
  # and so will not interfere with the real image values
  img[1,1:iwidth] <- rep(c(-1,256),times=iwidth/2)
  img[1:iheight,1] <- rep(c(-1,256),times=iheight/2)
  img[iheight,1:iwidth] <- rep(c(256,-1),times=iwidth/2)
  img[1:iheight,iwidth] <- rep(c(256,-1),times=iheight/2)

  # Set internal bounded area to the received tile
  img[2:(theight+1),2:(twidth+1)] <- tile

  # Apply multi-pass image operation
  for (i in 1:niters) {
    print(paste("Iteration",i))
    img <- worker_boundaryExchange(img)
    for (y in 2:theight+1) {
      for (x in 2:twidth+1) {
        img[y,x] <- medianFilterPixel3(y,x,img)

      }
    }
  }

  # Send processed tile to Master on default comm
  tile <- img[2:(theight+1),2:(twidth+1)]
  mpi.send.Robj(tile,0,2,comm=1)
}


#############################################################
# Master co-ordinates creation and operation of the grid,
# but does not itself participate in any tile computation.

# Launch the Rmpi based grid with (dimXdim) worker processes
dim <- Dim;
np <- dim * dim # number of MPI processes in grid
mpi.spawn.Rslaves(
  Rscript=system.file("workerdaemon.R", package="Rmpi"),
  nslaves=np)

# Send all Master defined globals/functions to Workers

mpi.bcast.Robj2slave(all=TRUE)

# Map grid co-ords to cluster rank assignment of the Workers
map <- mpi.remote.exec(worker_initSpatialGrid(),dim,
                       simplify=FALSE,comm=1)
workerRanks <- matrix(-1,nrow=dim,ncol=dim)
```

```
for (p in 1:length(map)) {
  y <- map[[p]][[1]]
  x <- map[[p]][[2]]
  rank <- map[[p]][[3]]
  print(paste0("Map ",p,": (",y,",",x,") => ",rank))
  workerRanks[y+1,x+1] <- rank
}

# We create large B/W image array with values in range 101-111
height <- Height; width <- Width;
image1 <- matrix(sample(101:111,height*width,replace=TRUE),
                 height,width)
# We add a bit of white saturation noise (pixel value=255)
image1[height/6,width/6] <- 255
image1[height/5,width/5] <- 255
image1[height/4,width/4] <- 255
image1[height/3,width/3] <- 255
image1[height/2.1,width/2.1] <- 255
image1[height/1.1,width/1.1] <- 255
image1[height/1.2,width/1.2] <- 255
image1[height/1.3,width/1.3] <- 255
image1[height/1.4,width/1.4] <- 255
image1[height/1.5,width/1.5] <- 255

# Tell the workers to process the image (3 pass MedianFilter)
# The Workers first wait to receive their local tile from the
# Master,then do their multi-pass image processing, then finally #
send their processed tiles back to the Master.
mpi.bcast.cmd(worker_gridApplyMedianFilter(3))
Start <- proc.time()
```

平铺分配图像：

```
# We split the image into non-overlapping square grid tiles
# and distribute one per Worker
twidth <- width/dim # tile width
theight <- height/dim # tile height

for (ty in 0:(dim-1)) { # bottom-left to top-right
  sy <- (ty * theight) +1
  for (tx in 0:(dim-1)) {
    sx <- (tx * twidth) +1
    tile <- image1[sy:(sy+theight-1),sx:(sx+twidth-1)]
    # Send tile to the appropriate Worker
    worker <- workerRanks[ty+1,tx+1]
    mpi.send.Robj(tile,worker,1,comm=1)
    print(paste0("Sent tile to ", worker,
          " y=",sy,"-",sy+theight-1," x=",sx,"-",sx+twidth-1))
  }
}
```

```
# Create processed output image, initially blank
image2 <- matrix(0L,nrow=height,ncol=width)

# Master receives output tiles in sequence and unpacks
# each into its correct place to form the output image
for (ty in 0:(dim-1)) { # bottom-left to top-right
  sy <- (ty * theight) +1
  for (tx in 0:(dim-1)) {
    sx <- (tx * twidth) +1
    # Receive tile from the appropriate Worker
    worker <- workerRanks[ty+1,tx+1]
    tile <- mpi.recv.Robj(worker,2,comm=1)
    print(paste0("Received tile from ", worker,
          " y=",sy,"-",sy+theight-1," x=",sx,"-",sx+twidth-1))
    image2[sy:(sy+theight-1),sx:(sx+twidth-1)] <- tile
  }
}

# Ta da!
Finish <- proc.time()
print(paste("Image size:",Height,"x",Width," processed
with",np,"Workers in",Finish[3]-Start[3],"elapsed seconds"))
# Saturated image=255
print(paste("Noisy image max pixel value",max(image1)))
# MedianFiltered image=111
print(paste("Clean image max pixel value",max(image2)))
mpi.close.Rslaves()
```

性能

下面是在四核苹果笔记本电脑上运行这个程序的一些样本输出，其中 Dim 设置为 1，即，一个 MPI 进程（加上一个主进程）一个网格，将 Dim 设置为 2 以串行方式有效地运行，也就是说，4 个 MPI 进程（加上一个主进程）一个网格：

```
[1] "Map 1: (0,0) => 1"
[1] "Sent tile to 1 y=1-200 x=1-200"
[1] "Received tile from 1 y=1-200 x=1-200"
[1] "Image size: 200 x 200  processed with 1 Workers in 29.485 elapsed
seconds"
[1] "Noisy image max pixel value 255"
[1] "Clean image max pixel value 111"

[1] "Map 1: (0,0) => 1"
[1] "Map 2: (0,1) => 2"
[1] "Map 3: (1,0) => 3"
```

```
[1] "Map 4: (1,1) => 4"
[1] "Sent tile to 1 y=1-100 x=1-100"
[1] "Sent tile to 2 y=1-100 x=101-200"
[1] "Sent tile to 3 y=101-200 x=1-100"
[1] "Sent tile to 4 y=101-200 x=101-200"
[1] "Received tile from 1 y=1-100 x=1-100"
[1] "Received tile from 2 y=1-100 x=101-200"
[1] "Received tile from 3 y=101-200 x=1-100"
[1] "Received tile from 4 y=101-200 x=101-200"
[1] "Image size: 200 x 200  processed with 4 Workers in 4.786 elapsed
seconds"
[1] "Noisy image max pixel value 255"
[1] "Clean image max pixel value 111"
```

我们总是需要多次运行测试来保证我们能识别出影响时序图的任何其他系统资源的效果。然而，对空间 / 本地化图像 / 矩阵运算，比较给定的运行时间，清楚地说明了网格运算是如何有效。

3.2 检查和管理通信

对于 R 中执行的大部分类型的并行算法，其主要在于统计数值编程而不是更多基于符号的处理或以更多可预测的通信模式执行独特的系统构架，下面的"高级"API 调用不经常使用。不过，它们使 MPI 进程能够处理带外数据通信，并且当执行其他程序时，可以避免等待不必要的通信完成。所以，如果你的环境许可，可以更有效地利用它们。例如，在一个长时间运行的计算中，可以在连续迭代之间插入通信。

下表包含了用于检索已完成通信的信息的 MPI-Probe、检查通信完成的 MPI-Test，以及可以撤回一个未完成通信的 MPI-Cancel。

检查 / 管理通信——MPI-Probe

MPI API 调用	pbdMPI 等价调用	Rmpi 等价调用
MPI_Probe (MPI Ref: p.64 source, tag, comm, flag, status)	probe (rank.srce, tag, comm=1, status=0)	mpi.probe(source, tag, comm=1, status=0)

（续）

检查 / 管理通信——MPI-Probe

MPI API 调用	pbdMPI 等价调用	Rmpi 等价调用
类似地： MPI_Iprobe (MPI Ref: p.65 source, tag, comm, flag, status)	iprobe (rank.srce, tag, comm=1, status=0) 通配符值： anysource() anytag()	mpi.iprobe(source, tag, comm=1, status=0) 通配符值： mpi.any.source() mpi.any.tag()

MPI-Probe 能够检查用特定标签标记的特定发送者发送的传入通信的存在。通配符也可用于匹配任意的发送者和标签。这使你可以检查传入通信，制订细节，然后做出具体的 MPI_Recv 来完成通信。在这种行为模式下，程序可以动态响应传入消息，而不是用显式的通信模式硬编码。

然而，MPI-Probe 是阻塞操作，因此，直到出现匹配的通信，它才能返回——必须已经发送了一条合格的消息。

另一方面，MPI_Iprobe 是无阻塞的，因此，它不会等待寻找匹配的通信，但它可以用于确定一个匹配的通信是否挂起，即，等待在特定时刻的时间传送给作为接收端的调用者。

示例：

下面的 pbdMPI 例子说明了一个通配符在接收端等待，直到有来自默认通信子上的具有任何标签的任何排名的传入信息，在默认状态句柄中返回它的详细信息：

```
# Wait for any incoming message
probe(anysource(),anytag())
# Retrieve vector with sender and tag of incoming message
st <- get.sourcetag(0)
# Selectively complete the pending communication
obj <- recv(rank.srce=st[1],st[2])
```

下面的 Rmpi 例子演示了使用 MPI_Iprobe 定期检测后台工作的迭代之间的任何传入信息（这里假设为整数向量）：

```
# Computation is in the form of a series of subtasks
for (iter in 1:N) {
  # Check if a message is pending delivery to this process
  if (mpi.iprobe(mpi.anysource(),mpi.anytag())) {
    st <- mpi.get.sourcetag(0) # Default status: Who from?
    count <- mpi.get.count(0) # How many integers?
    dataIn <- vector(mode="integer",length=count)
    # receive the pending message with correct size buffer
    mpi.recv(dataIn,1,st[1],st[2])
    # process the message
    …
  }
  # Continue to do background computational tasks
  doIteration(iter)
}
```

实际上，你可能想要用一种与此相比更加结构化、更工程化的样式来处理带外数据通信——前面的例子旨在解释如何使用 MPI_Iprobe 以及其他的 API 调用。

检查 / 管理通信——MPI_Status

MPI API 调用	pbdMPI 等价调用	Rmpi 等价调用
MPI_Status (MPI Ref: p.30) MPI_SOURCE MPI_TAG MPI_Get_Count(status, type, count)	get.sourcetag(status)	mpi.get.sourcetag(status) mpi.get.count(status)

MPI_Status 对象提供关于已完成通信的信息。在 R 中,可以用 [mpi.]get.sourcetag(status) 从特定 status 句柄获取消息发送者和消息标签。Rmpi 程序包中的 mpi.get.count(status) 用于确定挂起消息中的元素个数,这里消息是向量 / 数组类型的数据,在完成通信时你可以适当地按大小排列接收缓冲区。参考 MPI_Probe 前面各节给出的案例。

检查 / 管理通信——MPI_Test

MPI API 调用	pbdMPI 等价调用	Rmpi 等价调用
MPI_Test (MPI Ref: p.54 request, flag, status) MPI_Testall (MPI Ref: p.60 flag, count, requests, statuses) MPI_Testany (MPI Ref: p.58 flag,count,requests,index, status) MPI_Testsome (MPI Ref: p.61 count, requests, count, indices, tatuses)	没有实现	mpi.test(request, status=0) 返回: flag (TRUE/FALSE) mpi.testall(count) 返回: flag (TRUE/FALSE) mpi.testany(count, wstatus=0) 返回: list (index, flag) mpi.testsome(count) 返回: list(count,indices[])

显而易见,只有 Rmpi 揭露了 MPI API 的这方面。MPI_Test 本质上是 MPI_Wait(参考第 2 章)的无阻塞变体,MPI_Test 的整个系列在行为上与它们的 MPI_Wait 同名的事物相似。所以,记住这一点,我们学习下面的函数。

mpi.test():这个函数根据它的特定请求句柄选择性地检测前面启动的无阻塞发送和接收是否结束。当 mpi.test() 返回 TRUE 时,引用的 status 句柄会提供已结束通信的详细信息。

mpi.testall():这个函数测试所有未完成的、目前未完成的通信来确定它们是否已经结束。注意,所有(all)指的是 Rmpi 请求句柄内部保存的数组,直到最大值达到用户提供的 count 参数。记得 Rmpi 请求句柄是内部数组的索引,并且从 0 开始按顺序编号。若计数(count)范围内的任何通信还没有完成,则该函数将返回 FALSE。

mpi.testany():这个函数通过扫描(但不是等待)目前未完成的无阻塞 send/recvs 提供的第一个 count 进行检测,并设置提供的 status 句柄使得你能够检查这个通信的信息(用 MPI_Probe 函数)。

mpi.testsome():该函数检查未完成通信提供的 count,并返回请求数量的列表和已结束通信的请求句柄的向量。

检查 / 管理通信——MPI_Cancel		
MPI API 调用	**pbdMPI 等价调用**	**Rmpi 等价调用**
`MPI_Cancel` (MPI Ref: p.72 `request`)	没有实现	`mpi.cancel` (request)

正如其名所示，`MPI_Cancel` 可以用于撤销当前未结束的无阻塞发送和接收操作。本质上，你不可能知道操作是否成功撤销：按照 Rmpi 揭露的受限的 API，因为撤销本身只在调用进程的范围内起作用。无论如何，你必须随后在已撤销的请求句柄上调用 `MPI_Wait`（或者重复调用 `MPI_Test`，直至它成功），以便在底层 MPI 子系统中的内部资源可以正确地释放。关于 `MPI_Cancel` 使用的程序逻辑难以正确实施。在典型的 R 程序中，限制使用 `MPI_Cancel` 使用有限。

3.3 `lapply()` 的函数变体

最后，为了结束我们的 MPI 之旅，某种意义上我们几乎完成了整个循环。正如在第 1 章中所述，R 的核心 `parallel` 包提供了 `lapply()` 的具体版本，使它很容易并行运行一个函数，Rmpi 和 pbdMPI 也提供了它们自己的 `lapply()` 变体。

parLapply() with Rmpi

这里我们回顾与 MPI 共同使用的 `parLapply()`（第 1 章）的基本操作。我们暗示 MPI 集群可以和 `parLapply()` 一起使用，这的确可以通过引入一个额外的称为 snow 包实现，snow 是**简单的工作站网络**（Simple Network Of Workstation，SNOW）。我们需要做的就是从 CRAN 安装 snow 包，按正确的顺序装载函数库，使用 Rmpi 生成集群（注意 pbdMPI 与 parLapply() 不兼容）。

```
> library("snow")
> library("Rmpi")
> library("parallel")
Attaching package: 'parallel'
The following objects are masked from 'package:snow':
    clusterApply, clusterApplyLB, clusterCall, clusterEvalQ,
    ...
> cl <- makeCluster(detectCores(), type="MPI")
> parLapply(...) # apply parallelized function
> stopCluster(cl)
> mpi.exit()
```

当然，你可以使用 Rmpi 生成底层集群的事实，意味着你可以运行它们包含 Rmpi 调用的并行函数，比如集体通信操作。

正如其名，SNOW 也可以用于利用网络计算机的不同集合，这些计算机可以是完全不同的机器，例如，位于多家公司的笔记本电脑、台式计算机和服务器的混合（该方面的更多信息可以参考下面的"让我们开始 SNOW 吧！"）。

让我们开始 SNOW 吧！

没有什么能阻止你使用 SNOW 本身。Parallel 包有效地涵盖了 SNOW 的函数功能，包括 SNOW 在运行于多种操作系统的多个异构网络机器上运行的能力。为此，SNOW 需要使用套接字，套接字是内置的，由集群 type="SOCK" 设置。或者，可以使用 nws 包，它管理 NetWorkSpaces（网络空间）服务器并可以从 CRAN 下载。

对于 R nws 包，可以在下面的链接下载：

https://cran.r-project.org/web/packages/nws.

无论是 SOCK 还是 NWS，都必须适当地建立网络中的各种操作系统。尽管 SOCK 对软件没有额外的要求，但是最简单形式的 NWS 要求用超先的计算机（lead computer）运行 R 脚本，该脚本调用 parApply() 的、一个运行的 NetWorkSpaces 服务器（用 Python 编写的）以及在网络中的所有其他计算机中安装了 nws 程序包的 R 软件。

下面链接可用于下载 NetWorkSpaces 服务器：

http://nws-r.sourceforge.net/.

为了便于使用，配置的所有其他方面，比如目录路径、R 的版本等，应该是所有计算机中常见的，与计算机运行的操作系统无关，虽然如果所有的计算机都运行某个 UNIX 的变体，则配置会更简单。那么这需要提供一个网络主机的列表，如果本地 DNS 主机名不可解析时，它们可以当作 IP 地址，因为计算机的设置包含在 makeCluster() 的访问中。例如，对于一个有 3 个主机的集群，可以提供以下列表：

```
> hosts <- c(list(host="charlie"),
    list(host="192.168.9.4"), list(host="fred"))
```

```
> cl <- makeCluster(hosts, type="SOCK") # or type="NWS"
```

由于所有并行进程在完全独立的计算机上运行，所以在程序终端上调用
stopCluster() 非常重要，否则，离群进程将被悬挂，并通过记录到每台
独立机器的日志中进行人工清理。

请从下面的链接参考 snow 包手册，获取更多信息：

https://cran.r-project.org/web/packages/snow/snow.pdf.

3.4　总结

在本章中，我们通过将消息传递应用于基于网格的并行性，探讨了消息传递更
高级的方面，包括数据分割和空间运算的分布、非阻塞通信的使用、MPI 进程之间
的本地化通信模式，以及如何将 SPMD 风格的网格映射到标准 Rmpi 主 / 工作者集
群。虽然在图像处理中的说明性例子似乎不是 R 编程最自然的根目录，但本例所获
得的知识将适用于广泛的矩阵迭代算法。

我们也详细了解了 MPI，通过阐述面向检查和管理未完成通信的其他 API 例程，
包括 MPI_Probe 和 MPI_Test。

本章结束时，回顾了如何结合 parLapply() 使用 Rmpi，并提到了如何在一个
简单的工作站网络上运行 MPI 集群。

本章中我们构建的基于网格的处理框架适用于范围广泛的图像处理算子，特别
是如果我们要总结代码以处理更大尺寸的局部像素窗口。该代码非常适合这种进一
步的发展，并扩展到处理任意大小的和非正方形的图像。亲爱的读者，所有这一切，
我将留给你作为一个锻炼。

在本章中，我们的重点是使用 Rmpi 实现基于网格的图像 / 矩阵的并行处理。在
下一章中，我们的重点转向将 pbdmpi 应用于超级计算机基因组分析的最终可扩展
性，所以系好你的安全带为了并行处理中的最大加速！

Chapter 4　第 4 章

开发 SPRINT——超级计算机的基于 MPI 的 R 包

在本章中，我们将学习如何使用一种叫作消息传递的并行性的形式，用广泛采用的**消息传递接口**（MPI）标准编写，以及如何直接从 R 脚本利用其他编程语言编写的基于 MPI 的并行程序。

我们将从一个简单的"Hello World"MPI 程序开始，并将其转换成一个 R 库包。这将演示如何采用现有的用 C 编写的 MPI 代码，并使它直接从 R 中调用。

我们将深入研究基于 MPI 的 R 包的体系结构，通常称为**简单的平行 R 接口**（SPRINT）。SPRINT 提供了一套 MPI 并行程序，特别应用于生物信息学和生命科学的基因组分析。我们将展示如何通过在包中添加你自己的并行功能进一步扩大它的效用。

最后，我们将探讨运行在一个大规模 ARCHER 上的基于 SPRINT 的基因组分析程序的性能特征，ARCHER 是英国最大的学术超级计算机。

 软件版本

在本章中，MPI 的例子是运行在苹果 Mac Pro 笔记本电脑上，它具有

2.4GHz 的英特尔酷睿 i5 处理器、8GB 的内存、OS X10.9.5 操作系统、MPI mpich-3.1.2、C clang-600.0.57 和 R 3.1.1。对于基因组学分析案例研究，例子运行在 ARCHER 上。在写本书时（2015 年 3 月），ARCHER 计算节点包含两个 2.7GHz、12 核 E5-2697 V2 Ivy 桥系列处理器。每个处理器中的每个核可以支持两个硬件线程，也称为超线程。在节点内，这两个处理器与两个快速通道互联链路相连接。每个节点都有一个 64GB 内存。ARCHER 有 4920 个计算节点。ARCHER 上使用的软件版本是：MPI cray-mpich 7.1.1、C gcc 4.9.2 和 R 3.1.0。

4.1　关于 ARCHER

ARCHER 有 100 000 多个核心（http://www.archer.ac.uk/aboutarcher/）。图 4-1 展示了组成 ARCHER 超级计算机的一些柜子，它占据了专用设施的整个专用空间。

图 4-1　爱丁堡并行计算中心的 ARCHER 超级计算机

图 4-2 说明了如何穿过多个单独的柜子来组织这些数以万计的核心。请注意每个基于单个英特尔的计算节点处理器有 2×12 个核心和 64Gb 的内存。

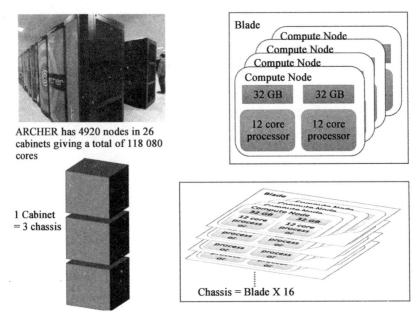

图 4-2　一个 ARCHER 柜子的组成

4.2　从 R 中调用 MPI 代码

让我们看看如何从 R 中调用现有的 MPI C 代码。下面是一个例子，当你已经有一些想从 R 中调用的 C 或 C++ MPI 代码时，这个例子将有所帮助。我们将看一个简单的方法，但请注意，有很多方法可以做到这一点。从 R 中调用 C 或其他语言代码的权威指南是《Writing R Extensions》手册，可以从 `http://cran.r-project.org/doc/manuals/r-release/R-exts.html` 上的 CRAN 中找到。

如果你正在编写想要从 Scratch 中从 R 中调用的 MPI C 代码，那么你应该考虑使用 Rcpp R 包（参见 `http://cran.r-project.org/web/packages/Rcpp/index.html`）。这个包为 R 数据类型提供了 C++ 包装器，从而允许 C++ 和 R 之间的简单数据转换。它也为你管理内存，并提供其他的帮助方法。

4.2.1　MPI Hello World

让我们先从一个简单的"Hello World"MPI C 程序开始，其中每个单独的进程输出 hello 和它的 MPI 排名号。

```c
#include <stdio.h>
#include <mpi.h>

int hello(void);

int main(void)
{
    return hello();
}

int hello(void)
{
    int rank, size;

    // Standard MPI initialisation
    MPI_Init(NULL, NULL);

    MPI_Comm_size(MPI_COMM_WORLD, &size);
    MPI_Comm_rank(MPI_COMM_WORLD, &rank);

    // Prints out hello from each process
    printf("Hello from rank %d out of %d\n", rank, size);

    MPI_Finalize();
    return 0;
}
```

前面的代码包含一个函数 Hello():

❑ 初始化 MPI。

❑ 通过调用 MPI_Comm_size(),在已经初始化的默认 MPI_COMM_WORLD 通信子中获得大小（即进程的数量）。

❑ 通过调用 MPI_Comm_rank(),在这个 MPI_COMM_WORLD 通信子中获得调用进程的排名。

❑ 输出 hello 和调用进程的排名。

❑ 最后，调用 MPI_Finalize() 终止进程。

假设你以前已经安装了 MPI 的 mpich-3.1.2 版本，你可以将该程序保存在一个名字为 mpihello.c 的文件中，然后从操作系统命令行编译并运行它（使用 4 个 MPI 进程），如下所示：

```
$ mpicc -o mpihello.o mpihello.c
$ mpiexec -n 4 ./mpihello.o
```

你将看到以下输出（不一定是按这个顺序）：

```
Hello from rank 0 out of 4
Hello from rank 1 out of 4
Hello from rank 2 out of 4
Hello from rank 3 out of 4
```

4.2.2　从 R 中调用 C

为了从 R 中调用 C 程序，你必须首先建立一个共享对象，这个共享对象包含你想调用已编译的 C 代码。使用 R dyn.load 函数必须将这个共享对象加载到你的 R 会话中。然后，你可以使用 R 函数 .Call 从一个 R 脚本调用已编译的 C 代码。为了说明如何实现这一点，我们建立一个 MPI Hello World 程序的共享对象，然后在 R 中调用它。

1. 修改 C 代码使它可以从 R 中调用

首先，让我们对 C 代码本身进行必要的更改，使它可以从 R 中调用。突出显示这些更改的代码如下所示：

```c
#include <mpi.h>
#include <R.h>
#include <Rinternals.h>
#include <Rdefines.h>

SEXP hello(void);

SEXP hello(void)
{

  int rank, size;

  MPI_Init(NULL, NULL);
  MPI_Comm_size(MPI_COMM_WORLD, &size);
  MPI_Comm_rank(MPI_COMM_WORLD, &rank);

  Rprintf("Hello from rank %d out of %d\n", rank, size);

  MPI_Finalize();

  // Create an R integer data type with value zero
```

```
    SEXP result = PROTECT(result = NEW_INTEGER(1));
    INTEGER(result)[0] = 0;
    UNPROTECT(1);
    return result;
}
```

正如在前面的代码中你所看到的，必须包括必要的 R 头文件，并已将 main 程序移除。各种头文件和它们的用途在《Writing R Extensions》手册中有详细解释，但为方便起见，这里有一个简短的描述。R.h 是一个头文件，它包括许多其他必要的文件，Rinternals.h 包含使用 R 的内部结构的定义，最后，Rdefines.h 包含各种有用的宏。

现在，hello() 函数返回 SEXP 而不是 int。正如在《Writing R Extensions》手册中所陈述的，SEXP 是一个指向结构的指针，该结构可以处理所有常见的 R 的类型对象，即函数、各种模式的向量、环境、语言对象等。

当 hello() 函数在 R.call() 函数中调用时，它必须返回一个 SEXP，这有两个原因。第一个原因，R 要求用这种方法调用的任何 C 代码必须返回一个值。这意味着即使是简单的例子也必须向 R 返回一些东西。第二个原因，R 是用 C 实现的，并且所有的 R 数据类型在 C 中可以表示为 SEXP 数据类型。

在 hello() 函数内，MPI 调用是不变的，并且 printf() 已经被 Rprintf() 取代。正如在《Writing R Extensions》手册中所解释的，不管是 GUI 控制台、文件或者重定向，Rprintf() 保证在 R 中有输出。它的使用方法与 printf() 类似。更重要的是，当使用并行计算时，使用 Rprintf() 能够确保输出被适当地重定向。

运行 MPI_Finalize() 之后，我们生成了 hello() 的值以便返回到 R。这是一个 SEXP 指针（result），它指向一个 R 整数数据类型。在 C 中创建的 R 对象有通过 R 自动收集垃圾的风险。因此，我们通过调用 PROTECT() 宏来保护 result 指向的对象。我们现在可以设置 result 为我们希望 hello() 函数返回给 R 的值，在这种情形下是 0。在返回这个值之前，我们必须使用 UNPROTECT() 宏来清除我们以前保护免受 R 垃圾收集的变量的栈。然后，我们可以返回 result。这里 PROTECT()/UNPROTECT() 调用并不是严格必需的，因为在调用之间没有 R 代码或宏（这可能触发垃圾收集）运行。这里给出了一个 PROTECT/UNPROTECT() 调用的例子。

将修改后的代码保存到一个名为 `mpihello_fromR.c` 的文件中。

2. 编译 MPI 代码为一个共享对象

既然我们已经修改了我们的 C 代码，使它可以从 R 中调用，下一步是将它编译为可以加载到 R 的 R 共享对象库。为此，我们将在操作系统命令行中使用标准命令 `R CMD SHLIB`。这段代码应该与 openMPI 或 MPI 的 mpich 实现一起运行，但如果 openMPI 有任何问题，那么你应该尝试用 mpich 代替。

记住，我们的 MPI Hello World 示例的修改后的代码保存在一个名为 `mpihello_fromR.c` 的文件中。我们编译该代码并通过执行以下操作系统命令行使它成为一个 R 共享对象库：

```
$ MAKEFLAGS="CC=mpicc" R CMD SHLIB -o mpihello_fromR.so
mpihello_fromR.c --preclean
```

因为我们的代码包含对 MPI 的调用，所以我们需要用编译器执行 `R CMD SHLIB` 并且在前面的代码中用变量 `MAKEFLAGS=` "`CC=mpicc`" 设置 mpicc 而不是 cc。在操作系统命令行中执行前面的代码将生成一个名为 `mpihello_fromR.so` 的文件。注意，在微软 Windows 中，需要产生一个动态链接库，所以，必须使用扩展的 `.dull` 来代替 `.so`。

3. 从 R 中调用 MPI Hello World 示例

这是最后一步。为了从 R 中调用我们修改后的 MPI Hello 代码，我们现在必须将包含它的 `mpihello_fromR.so` 共享对象库加载到 R 中。然后我们可以使用 `.Call` 调用共享对象中的 `hello()` 函数。以下是将共享对象加载到 R 库中的 R 代码，然后调用我们修改的 `hello()` 函数：

```
dyn.load("mpihello_fromR.so")
.Call("hello")
```

将这两行 R 代码保存到一个名为 `mpihello.R` 的文件中，并从操作系统命令行中运行它，如下所示：

```
$ mpiexec -n 4 R -f mpihello.R
```

在上一行，mpiexec -n 4 部分指定 4 个要实例化的 MPI 进程。R -f mpihello.R 指定 R 文件 mpihello.R 必须在每个进程中执行。下面是在操作系统命令行中执行该行的一些输出。从 R 中也会有一些输出。

```
Hello from rank 0 out of 4
Hello from rank 1 out of 4
Hello from rank 2 out of 4
Hello from rank 3 out of 4
```

所以现在已经从 R 中执行了 MPI C 代码，你已经学会了如何编写、编译并从 R 中调用 MPI 代码（用 C 编写）。

4.3　建立一个 MPI R 包——SPRINT

现在我们已经建立了一个 R 共享对象库，该库包含可以从 R 调用的 MPI 代码，下面研究如何创建一个包含大量 R MPI 函数的 R 包，每个函数可从 R 调用。

由于各种原因，构建一个包是有用的，原因如下：

❑ **可维护性**：如果每个函数都有自己的 MPI 安装和拆卸，那么你可以有很多重复的代码来维护。

❑ **灵活性**：从你的 R 脚本中调用 MPI，可以根据你的需要很容易地调用多个不同的 MPI 使能函数。

❑ **有效性**：如果每个函数都有自己的单独共享对象库，则当调用时，它们会通过自己的 MPI_Init/MPI_Finalize 阶段添加到运行时。

SPRINT 包为 R 提供了一套可以利用 MPI 的从 R 中调用的并行函数。在下面几节中，我们将向你展示如何将自己的函数添加到 SPRINT 包中，但是首先让我们看一看 SPRINT 背后的前提和它是如何工作的。

4.3.1　简单的并行 R 接口（SPRINT）包

许多现有的 R 包允许开发人员或有足够专业知识和资源的当事人利用并行化代

码来解决计算问题。R SPRINT 包基于不同的哲学。SPRINT 包是专为大数据处理而设计的，它无缝地利用多节点和多核计算架构，有效地利用磁盘空间作为额外的核外内存器。专家已经开发了 SPRINT 包，并且针对常见的分析问题为用户提供了预先构建的并行解决方案。SPRINT 特别关注解决那些对非专家而言很难并行化的问题。SPRINT 是完全开源的，并且有经验的用户可以利用 SPRINT 开发自己的并行功能。SPRINT 团队欢迎更广泛的团体返回这个项目做贡献。

在写本书时，SPRINT 的最新版本为 v1.0.7，可以从 CRAN 的 `http://cran.r-project.org/web/packages/sprint/index.html` 下载，也可以从 SPRINT 团队的网站 `http://www.r-sprint.org/` 直接下载。

在 R 脚本中使用一个预先构建的 SPRINT 例程

SPRINT 包含一个名为 `ptest()` 的函数，该函数相当于我们以前的 MPI Hello World 示例。它检查 SPRINT 包是否已经通过简单地输出一条消息识别每个已经实例化的并行进程已经正确地安装。

假设 SPRINT 包以前已经在你的本地 R 中安装，可以使用下面的 R 脚本示例调用 `ptest()`。

```
library("sprint") # load the sprint package

ptest()

pterminate() # terminate the parallel processes

quit()
```

这个脚本中的 `pterminate()` 函数是一个终止所有并行进程的 SPRINT 函数。这些脚本内部调用 `MPI_Finalize` 来关闭实例的并行进程。所有的 SPRINT 使能脚本要求在最后的 `quit()` 命令之前被调用。

如果这个 R 脚本示例存储在一个名为 `sprint_test.R` 的文件，那么它可以从如下的操作系统命令行中运行：

```
$ mpiexec -n 5 R -f sprint_test.R
```

这将导致以下输出（注：确切的顺序可能不同）：

```
[1] "HELLO, FROM PROCESSOR: 0"
[2] "HELLO, FROM PROCESSOR: 2"
[3] "HELLO, FROM PROCESSOR: 1"
[4] "HELLO, FROM PROCESSOR: 3"
[5] "HELLO, FROM PROCESSOR: 4"
```

4.3.2　SPRINT 包的体系结构

SPRINT 的核心是一个 MPI 线束，它在主／工作者范式中管理许多进程，既可以给它分配不同的任务来执行，又可以在 R 脚本的连续部分运行时将它置于睡眠状态。将你自己的并行 MPI 函数添加到 SPRINT 是相对简单的。SPRINT 在 R 和 C 中实现。图 4-3 说明了 SPRINT 如何在运行时使用主／工作者范式。让我们来解释这是如何使用我们之前包含 SPRINT ptest() 函数的 R 脚本的执行案例来工作的。

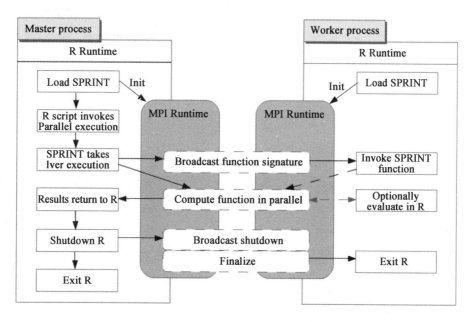

图 4-3　当 R 脚本使用 SPRINT 时，主进程和工作者进程之间的执行流

当在操作系统命令行执行以下命令时，这导致所有实例化程序初始化 R 运行时环境，如图 4-3 所示。

```
$ mpiexec -n 5 R -f sprint_test.R
```

然后，每个进程开始执行 sprint_test.R 脚本，脚本的第一行是 library ("sprint")。这行在每个进程中载入 SPRINT 包，更重要的是，在每个进程中初始化 MPI 环境。此时，SPRINT 使用每个进程的 MPI 排名来决定一个进程是否为主进程，或者它是否为一个工作者进程。如果将一个进程指定为一个工作者，则它有效地处于一个等待状态直到主进程发送一个命令代码。与此同时，主进程执 sprint_test.R 脚本的其余部分。

当主进程执行 SPRINT ptest() 函数时，这产生一个命令代码，它代表 ptest() 函数（即函数签名）从主进程向所有的工作者进程广播。然后，所有的进程可以参与函数的并行执行，并且可以通过 MPI 相互作用。

在 R 内存空间中是初始化 MPI 的事实（即在 R 脚本中通过 library（"sprint"）行）意味着可以在所有的进程中访问 R 运行时环境。这允许在 C 中处理本地 R 对象，最重要的是，它意味着可以用 C 计算 R 表达式。当向 SPRINT 添加新函数时，该特性提供了灵活性——这意味着并行 SPRINT 使能函数或者可以包含一个完整并行实现的函数，或者可以利用在并行线束内的函数的现有串行 R 实现。

在所有的计算在工作者进程中完成后，结果返回给主进程，它将这些结果返回到在它上面运行的 R 环境。工作者进程返回到它们的等待状态，主进程继续执行 sprint_test.R 脚本的剩余部分。

下一行是 pterminate()。它通过将合适的命令代码广播给所有的工作者进程来关闭 MPI 环境，于是每一个进程调用 MPI_Finalize 并终止。在 pterminate() 内，主进程也调用 MPI_Finalize，然后继续执行 R 脚本的剩余部分。

4.4　将一个新函数添加到 SPRINT 包中

现在让我们将我们自己的函数添加到 SPRINT 包中。这个新函数称为 phello()。我们将使用之前的 MPI Hello World 示例为基础。这将包括以下任务：

❑ 下载 SPRINT 源代码。

❑ 创建 R 存根文件：这使所需的功能可以在主进程中从 R 调用。它为实现该功能调用接口函数。

- 添加接口函数：接口函数是 R 存根的 C 等价函数。这也在主进程中执行。它负责广播工作者进程中要执行的实现函数的命令代码。

- 添加实现函数：每个命令代码有一个相应的实现函数。在收到命令代码后，这个函数在工作者进程中执行。此外，它也在主进程中执行。

- 连接存根和函数：更新相关的 SPRINT 头和配置文件使存根、接口和实现函数正确地相互作用。

4.4.1　下载 SPRINT 源代码

首先，我们必须下载 SPRINT 源代码。你可以从 CRAN 网站 http://cran.r-project.org/web/packages/sprint/index.html 上下载最新版本的 SPRINT 源代码，也可以从 SPRINT 团队 http://www.r-sprint.org/ 上直接下载。

使用以下操作系统命令下载并解压缩源代码：

```
$ Wget http://cran.r-project.org/src/contrib/sprint_1.0.7.tar.gz
$ tar -xvf sprint_1.0.7.tar.gz
```

解压缩的 SPRINT 源代码有以下的目录结构：

```
/sprint dir            Contains configure scripts, etc
    |
    |- inst            Documentation and tests
    |
    |- man              R documentation
    |
    |- R             Contains the R stubs
    |
    |- src              Functions header files, Makefile and sprint
itself.
        |
        |- algorithms
        |
            |- common    Functions used by all of the sprint
functions
            |
            |- papply
               |- implementation
               |- interface
            |- pboot
               |- implementation
               |- interface
            |- …      All of the sprint functions have their own
```

```
folder                              with implementation and interface sub-
folders.
    |
    |- tools
```

4.4.2　在 R 中创建一个存根——`phello.R`

这个存根包含一个用户在 R 脚本中调用的 R 包装器函数。它在 SPRINT 主进程中执行，并且它在相应地主进程中使用 R.Call() 函数调用 MPI C 代码。在激活 MPI C 代码之前，可以使用这个函数对参数和其他程序内存管理执行完整性检验。

为了创建这个存根，让我们在 SPRINT 源代码库中导航到 R 目录。

cd sprint/R

现在创建一个名为 `phello.R` 的文件。在文件名中使用 p 仅仅是一个 SPRINT

约定以帮助区分这个实现与该函数的任何其他现有 R 实现。

以下是 `phello.R` 的内容：

```
phello <- function()
{
  return_val <- .Call("phello")
  return(return_val)
}
```

在前面的代码中，定义了 R 函数 hello()。这个函数包含了将要调用 C MPI 代码的 .Call("phello")。

注意对于 MPI Hello World 共享对象库的例子，`phello.R` 如何不同于初期的 `mpihello.R` 文件。这有以下内容：

```
dyn.load("mpihello_fromR.so")
.Call("hello")
```

使用 SPRINT，调用 dyn.load() 来加载共享对象并不是必需的，因为正如我们稍后将看到的，C 代码将编译为 SPRINT 包的一部分，并使用 library("sprint") 命令加载到用户的 R 脚本。

4.4.3　添加接口函数——`phello.c`

在 SPRINT 中，接口函数是由 R 存根调用的 C 函数。它仅仅由 SPRINT 主进程执行。接口函数的功能是将要执行的并行函数的命令代码广播给 SPRINT 工作者进程。广播命令代码后，接口函数开始在主进程中自己执行，并行函数与命令代码相关联。与它所反映的 R 存根一样，接口函数可以执行参数检查和普通内存管理。

让我们创建对应 phello.R 存根的接口函数。按照接下来的命令，首先，我们导航到 sprint/src/algorithm 目录，这里我们创建了一个 phello 目录。在这个 phello 目录中，我们进一步创建了两个目录：implementation 目录和 interface 目录。

```
$ cd sprint/src/algorithms
$ mkdir phello
$ mkdir phello/implementation
$ mkdir phello/interface
```

在 interface 目录中，我们创建文件 phello.c 保存 interface 函数。在 SPRINT 中，接口函数都非常相似。让我们将下面的内容添加到 phello.c：

```c
#include <Rdefines.h>
#include "../../../sprint.h"
#include "../../../functions.h"
extern int hello(int n, ...);
/* *******************************************************************
 *  The stub for the R side of a very simple hello world command
 *  Simply issues the command and returns 0 for successful       *
 *  completion of command or -1 for failure.
 * ****************************************************************/

// Note that all data from R is of type SEXP.
SEXP phello()
{
    SEXP result;
    int response, intCode;
    enum commandCodes commandCode;

    // Check MPI initialisation
    MPI_Initialized(&response);
    if (response) {
        DEBUG("MPI is init'ed in phello\n");
```

```
    } else {
        DEBUG("MPI is NOT init'ed in phello\n");

        // return -1 if MPI is not initialised.
        PROTECT(result = NEW_INTEGER(1));
        INTEGER(result)[0] = -1;
        UNPROTECT(1);
        return result;
    }

    // broadcast command to other processes
    commandCode = PHELLO;
    intCode = (int)commandCode;
    DEBUG("commandCode in phello is %d \n", intCode);
    MPI_Bcast(&intCode, 1, MPI_INT, 0, MPI_COMM_WORLD);

    // Call the command on this process too.
    response = hello(0); // We are passing no arguments.
    // If we wanted to pass 2 arguments, we'd write
    // response = hello(2, arg1, arg2);

    // Convert result into an R datatype (SEXP)
    result = PROTECT(result = NEW_INTEGER(1));
    INTEGER(result)[0] = response;
    UNPROTECT(1);
    return result;
}
```

让我们更仔细地看看前面的代码。

在该文件的顶部，包含大量的头文件，并且 hello() 函数声明为外部的，也就是说，在连接阶段中，它将在编译的最后一步被解析。

```
#include <Rdefines.h>
#include "../../../sprint.h"
#include "../../../functions.h"
extern int hello(int n, ...);
```

如前所述，Rdefines.h 包含各种宏。接下来的两个头文件 sprint.h 和 function.h 分别是包括头文件和宏的 SPRINT 头文件。SPRINT 需要这些头文件，并且各个函数的命令代码可以在 SPRINT 包中获得。

这几条的后面是 phello() 函数本身的代码。它由已经初始化的 MPI 的完整性检查来启动。记住，在之前给出的 SPRINT ptest() 例子中，在 library ("sprint") 调用的 R 脚本中初始化 MPI。这意味着每次调用 SPRINT 函数都可以使用 MPI 而无需每次都对它初始化。

在完整性检查之后，使用 MPI_Bcast() 经由 MPI 将 PHELLO 命令代码广播给所有的 SPRINT 工作者进程。主进程现在可以自己执行与广播的命令代码相关联的并行函数。在这个特殊情形中，它是 hello() 函数。最后，将它的输出转换为指向 R 整数数据类型的 SEXP 指针，这样它可以返回到 R 存根 phello.R，并且也可以调用各种宏处理的垃圾收集。

4.4.4　添加实现函数——`hello.c`

在 SPRINT 中，在实现函数将命令代码广播给工作者进程后，它是主程序中被接口函数调用的函数。在接收函数的命令代码时，它也是被工作者进程调用的进程。因此，对于我们的 phello 例子，将这个 C 代码放在我们已经创建的位于 sprint/src/algorithms/phello/implementation 的文件中。

让我们创建一个名为 hello.c 的文件，它将包含我们想要执行的实际并行算法的实现。这将使用 MPI 进行通信，正如前面所提到的，我们将使用我们的 MPI C Hello World 例子为基础。将下面的代码添加到了 hello.c 中：

```c
#include <mpi.h>
#include <R.h>
#include <Rinternals.h>
#include <Rdefines.h>
#include "../../../sprint.h"

int hello(int n, ...)
{
// ignore input args.We don't need them in this example.
  int rank, size, result;

  MPI_Comm_size(MPI_COMM_WORLD, &size);
  MPI_Comm_rank(MPI_COMM_WORLD, &rank);

  DEBUG("MPI is initiated in phello rank %d \n", rank);
  Rprintf("Hello from rank %d out of %d\n", rank, size);
```

```
    MPI_Barrier(MPI_COMM_WORLD);
    result = 0; // successful execution

    return result;
}
```

该代码与我们的 `mpihello.c` 示例几乎完全一样，但是没有 `MPI_Init()` 和 `MPI_Finalize()`。如前所述，SPRINT 现在处理 MPI 初始化和终止。还请注意添加 `MPI_Barrier()` 函数来确保主进程和所有工作者进程都同步到结果返回前的执行中的同一点上。

4.4.5　连接存根、接口和实现

现在到达了最后一步，我们在 SPRINT 中包含我们的函数。这些函数包括更新各种配置和头文件。

要更新的文件如下所示：

❑ `functions.h`
❑ `functions.c`
❑ `NAMESPACE`
❑ `Makefile`
❑ 为新函数添加 man 页，创建 `pHello.Rd`

让我们依次处理每个函数。

1. functions.h

让我们导航到 `sprint/src`，那里你将找到这些文件。这是包含在接口函数中的其中一个文件（参见之前给出的 `phello.c` 描述）。它包含 SPRINT 包中可获得的函数的命令代码。SPRINT 主进程将这些命令代码发送给工作者进程来指导它们在哪个函数中执行。

让我们通过将 `PHELLO` 添加到 `function.h` 中的枚举列表 `commandCodes` 来将 `phello()` 的命令代码添加到命令代码列表中，代码如下所示：

```
enum commandCodes {TERMINATE = 0, PCOR, PMAXT, PPAM, PAPPLY,
PRANDOMFOREST, PBOOT, PSTRINGDIST, PTEST, INIT_RNG, RESET_RNG,
PBOOTRP, PBOOTRPMULTI, PHELLO, LAST};
```

注意，任何新代码必须紧接在 LAST 之前添加。在内部，SPRINT 使用 LAST 作为标志来指示实现错误检查的命令代码的范围。

2. functions.c

这个文件包含了与 functions.h 中的命令代码相对应的实现函数的声明。它还包含这些函数的指针。这些函数声明为 extern，且具有可变数量的参数。

让我们导航到 sprint/algorithms/common 并编辑 functions.c。首先，让我们添加 hello() 函数的声明，如下所示：

```
/*
 * Declare the various command functions as external
 */

extern int test(int n,...);
//extern int svm_call(int n,...);
extern int correlation(int n,...);
extern int permutation(int n,...);
extern int pamedoids(int n,...);
extern int apply(int n,...);
extern int random_forest_driver(int,...);
extern int boot(int,...);
extern int stringDist(int,...);
extern int init_rng_worker(int n, ...);
extern int reset_rng_worker(int n, ...);
extern int boot_rank_product(int n, ...);
extern int boot_rank_product_multi(int n, ...);
extern int hello(int n, ...);
```

接下来，让我们将 hello 的函数指针添加到 functions.c。这个函数指针是 commandFunction 类型的。typedef 位于 sprint/src/functions.h 中。

请注意，这个函数指针必须添加到函数指针的数组中，其位置与 sprint/src/functions.h 中的枚举列表 commandCodes 中的命令代码相对应。

让我们将 hello 的函数指针添加到 function.c 中，如下所示。请注意函数指针如何与 functions.h 中的枚举有相同的顺序。

```
/**
 * This array of function pointers ties up with the commandCode
   enumeration found in src/functions.h
 **/

commandFunction commandLUT[] = {voidCommand,
//                              svm_call,
                                correlation,
                                permutation,
                                pamedoids,
                                apply,
                                random_forest_driver,
                                boot,
                                stringDist,
                                test,
                                init_rng_worker,
                                reset_rng_worker,
                                boot_rank_product,
                                boot_rank_product_multi,
                                hello,
                                voidCommand};
```

3. 名称空间

正如在《Writing R Extensions》手册中所解释的，R 在包中有代码的名称空间管理系统。这允许包的编写人指定导出包中的哪个变量，因此，使包的使用者可以使用它。它还指定了从其他包导入的变量。

对于所有的 R 包，命名空间是由位于包的顶级目录的 NAMESPACE 文件来指定的。对于 SPRINT，这是下载并解压缩的源代码中的 sprint 目录。

现在让我们将 phello() 添加到 NAMESPACE 文件中这样在加载 SPRINT 后，R 用户可以调用 phello() 来执行位于 phello.R 文件中的 R 代码、相应的接口和实现函数。

下面代码片段中突出显示的部分是为此添加到 SPRINT NAMESPACE 中的行：

```
# Namespace file for sprint

useDynLib(sprint)

export(phello)
export(ptest)
export(pcor)
```

4. Makefile

这个文件用于编译和连接 SPRINT 包。我们需要为我们的 `phello()` 函数更新这个文件。

让我们导航到 `sprint/src` 目录中，并将下列代码中突出显示的文本添加到 Makefile 中，在所指示的位置：

```
SHLIB_OBJS = sprint.o

ALGORITHM_DIRS = algorithms/phello algorithms/common …

INTERFACE_OBJS = algorithms/phello/interface/phello.o algorithms/
papply/interface/papply.o …

IMPLEMENTATION_OBJS = algorithms/phello/implementation/hello.o
algorithms/papply/implementation/apply.o…
```

`phello.Rd`

R 包的源代码有一个子目录 man，它包含了该包的用户级对象内容的文档文件。让我们为新函数添加 man 页。导航到 `sprint/man/`，并在这个目录中创建文件 `phello.Rd`。现在，让我们在这个文件中添加以下内容：

```
\name{phello}
\alias{phello}
\title{SPRINT Hello World}
\description{
Simple example function demonstrating adding a method to the SPRINT
library.
Prints a 'hello from processor n' message.
}
\usage{
phello()
}
\arguments{
None
}
\seealso{
\code{\link{SPRINT}}
}
\author{
University of Edinburgh SPRINT Team
    \email{sprint@ed.ac.uk}
    \url{www.r-sprint.org}
    }
```

```
\keyword{utilities}
\keyword{interface}
```

这个文件以 R 文档格式编写。关于这个格式和如何编写 R 文档文件的更多信息可以在《Writing R Extensions》中找到。

4.4.6 编译并运行 SPRINT 代码

既然所有需要的文件已经更新为包括我们的新函数，我们需要编译和安装 SPRINT 包以便我们可以执行它。

在 R 中可以编译和安装 SPRINT 库，如下所示：

```
$ cd sprint/src/
$ make clean
$ cd ../../
$ R CMD INSTALL sprint
```

现在让我们运行我们的新函数。在 SPRINT 中运行 phello() 的 R 代码是非常简单的。加载 sprint 库，调用 phello()，通过调用 pterminate() 停止 SPRINT 工作者进程。实现这些的 R 代码如下所示：

```
library(sprint)
phello()
pterminate()
```

将这个 R 代码保存到名为 testHello.R 的文件中并执行它：

```
mpiexec -n 4 R -f testHello.R
```

你将看到以下输出。

```
Welcome to SPRINT
 Please help us fund SPRINT by filling in
 the form at http://www.r-sprint.org/
 or emailing us at sprint@ed.ac.uk and letting
 us know whether you use SPRINT for commercial
 or academic use.
> phello()
Hello from rank 0 out of 4
Hello from rank 1 out of 4
Hello from rank 2 out of 4
```

```
Hello from rank 3 out of 4
[1] 0
> pterminate()
```

图 4-4 详细展示了在 SPRINT 主进程中通过它的各种文件的执行流。注意主进程
如何发起命令，将它们广播到工作者进程，然后等待它们的结果。

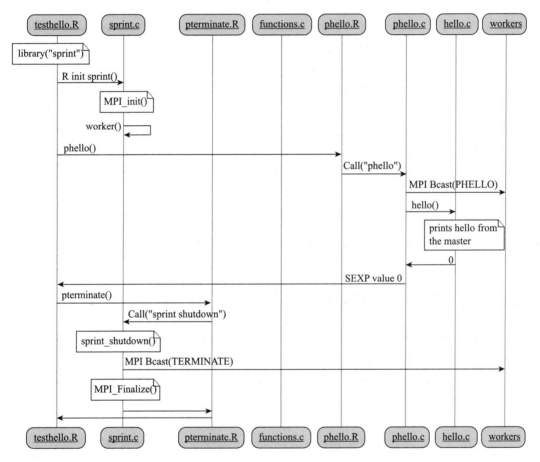

图 4-4　说明主进程中 pHello() 的执行流的序列图

图 4-5 也展示了在一个 SPRINT 工作者进程的执行流。注意工作者进程如何通过
一个回路循环，等待主进程的下一个命令执行并返回一个结果，直到它接收到明确
的 TERMINATE 命令，这时它退出。

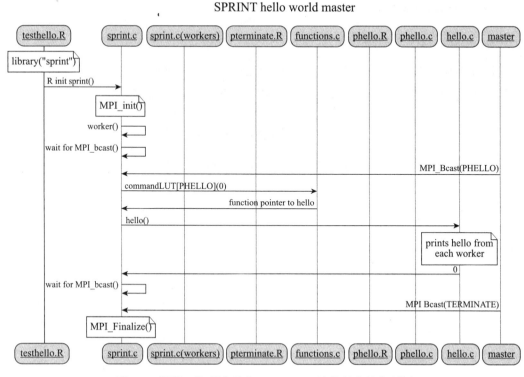

图 4-5 说明工作者进程中 phello() 的执行流的序列图

4.5 基因组学分析案例研究

目前为止在本章中，你已经了解了如何编写 MPI 并行例程，从你的 R 脚本直接访问这些例程，并将这些例程转换为可重用的 R 包。在本章的其余部分，我们展示如何使用这个能力开发超级计算机以便识别细菌感染的迹象和新生儿血液样本的败血症。

基因组学帮助我们找到在婴儿体内细菌感染的活动水平增加或减少的那些基因。通过了解免疫系统中的哪个基因对细菌感染有反应（或事实上，免疫系统如何被细菌破坏），我们可以 (a) 看看这些基因的活动在婴儿与婴儿之间是如何不同的，(b) 根据一个血液样本的基因表达测量，使用它们来诊断细菌感染。

因此，通过描述基于 MPI 的 R 包（例如 SPRINT，本章前面讨论的），本章的剩余部分包含了一个对基因组学的简要介绍，允许 R 开发超级计算机并协助研究人员对抗新生儿细菌感染。

4.5.1　基因组学

基因组学是研究基因组的结构和函数的集合名词。**基因组**（genome）是在大多数有机体的每个细胞中的脱氧核糖核酸的总和，即 DNA。在人体内，这种 DNA 包含一串 32 亿左右的称为核苷酸的有机分子。

核苷酸由一个糖分子、一个磷酸分子和一个叫作**基**的化学物质组成。在 DNA 中，有 4 个基：腺嘌呤（A）、鸟嘌呤（G）、胸腺嘧啶（T）、胞嘧啶（C）。因此 DNA 串是由这些缩写的序列表示的。

已知的任何 DNA 段包含生成一种特殊蛋白质的生物指示，这些段称为基因。其余的基因组段称为非编码序列，尽管许多这些序列实际上有另一种生物功能。在人类中，基因组中的基因总数当前认为是 19 000 左右。

对于一个给定的生物组织或细胞，基因组学允许对活动，某些情况下这些基因的全部或大多数结构，或者实际上任何核苷酸序列进行监控。作为生命科学中的一个领域和技术，凭借相对大的数据集，基因组学已达到这个阶段，一些潜在兆字节大小，通常由非专业人员生成或获得。这导致了数据分析在大小和量上的爆发。

作为一个例子，**基因表达精选集**（GEO）目前托管了 13.6 亿生物样本的大约 55 900 个研究案例的库。单个样本的文件大小从大约 20 Mb 到 60 Mb 或更高，研究案例数据集的大小从仅仅 200 Mb 到多于 100 GB。

基因组学通常称为**后基因组学**，从这方面来说，我们工作在全基因组已经测序的时代，我们现在仅仅测量一个特定序列在何种情形下（即基因）执行的生物功能。

当 DNA 从头到尾的核苷酸序列是已知的时，一个基因组称为是**可测序的**。

测量基因组是重要的，因为它对机体如何对应特定情况（如感染、受伤或治疗）

进行反应，并给出了详细解释。作为这种反应的一部分，包含在基因中的生物指示由生物细胞中的其他成分（核糖体）读取。这个过程称为转录，是蛋白质将这些指示转换为行动的中间步骤，例如，化学反应、结合和识别细菌、构建细胞结构或运输分子。有蛋白质的存在也可以直接测量，但是生物机体内的蛋白质比基因多得多，蛋白质的三维结构在决定其功能方面起着重要作用。因此，利用蛋白质组理解生物过程比测量基因组更复杂。

以同样的方式，一个有机体的一个细胞中的所有基因的总和称为基因组，一个有机体的一个细胞中的所有蛋白质的总和称为**蛋白质组**。

图 4-6 阐明了一个有机体的 DNA 如何用于生成蛋白质。

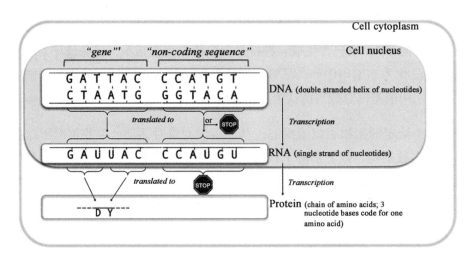

图 4-6　为生成一种蛋白质，一个有机体的 DNA 中的基因首先转录为 RNA 然后再翻译

正如在图 4-6 中所看到的，一套指示首先将 DNA 中的基因转录为 RNA，也就是一个核糖核酸。DNA 是一个双链螺旋核苷酸，而 RNA 是一个单序列核苷酸链。与 DNA 相反，这个单 RNA 链可以离开细胞核。这意味着基因中包含的如何整合一个蛋白质的指示，可以把蛋白质运送到需要它们的地方。

在图 4-6 的第二步中，这些指示（每次包括 3 个 RNA 核苷酸基）用于将正确的氨基酸串起来构成一个蛋白质。例如，图 4-6 中的 3 个基（也称为"密码子"）G-A-U

是生成氨基酸"D"的指示。将正确的氨基酸串起来的步骤称为翻译。

4.5.2 基因组数据

目前，频繁对基因组进行测量，有两种类型的基因组实验室技术：**微阵列**和**下一代测序**（NGS）。

微阵列测量给定生物样本中的每个基因的表达水平。表达水平指的是一个给定基因的 RNA 字符串的数量。对于每一个生物样本，它们可以返回到每个大约 19 000 或更多基因的表达水平，再加上多个成百上千的非编码序列。

NGS 允许计算呈现在给定生物样本中数百万到数十亿的短核苷酸序列的数量，也就是说，不仅仅是基因。反过来，这些所谓的"短序列"可以在一个生物样本的其他方面提供数据，如基因的表达水平、基因的替代版本、DNA 与蛋白质的相互作用，以及预先未知的基因组的成分。

用每种类型的技术，获得的数据集大小是测量实体（基因，短片段）的数量，乘以研究或实验中的生物样本的数量。样本数量通常从少数几个到数百个。例如，在 100 个生物样本中，用微阵列测量 19 000 个基因产生了 1 900 000 个数据点。具有数百或数千个样本的大型 NGS 研究可以产生太字节的数据集。

虽然这与物理学或成像问题是不可比较的，但是基因组数据集的大小和体积给分析师分析许多 CPU 速度和内存分配问题提供了足够的信息。这是尤其如此，因为基因组数据分析的一种驱动力是识别基因之间或生物样本之间的潜在关系。这涉及调查所有可能的单个观察测值对（基因或样本），这意味着所需计算的数量和空间是原始数据维度的平方。例如，在之前的微阵列示例中测量 19 000 个基因之间的相似性，产生了 19 000^2 个观测值，即 3.61 亿个相互关联或其他类似度量标准的计算。更加复杂的问题在于，这些调查并不会变为简单"数据运算"的并行解。

随着这些实验室技术的进一步发展，不仅可以测量由序列数量引起的数据集大小的增加，并且随着更多研究小组变得善于使用这些日益廉价的技术，这同样会产生大量结果。尤其是，下一代测序技术可能会对这些增加的大部分负责，并为可预知的未来提供有趣的计算软件并行化问题。

4.6 基因组学与超级计算机

既然你有一些基因组学的知识，让我们看看一个超级计算机如何帮助 R 用户调查新生儿体内的细菌感染。

4.6.1 目标

可以使用基因组数据（如微阵列基因表达数据）来识别基因集，综上所述，可以预测一个新的生物样本是否属于一个特定的类样本（即一个健康的样本或一个病态的样本）。在这里介绍的研究案例中，我们将看到爱丁堡大学的通路医学和感染部门的研究，他们通过测量血液样本中的基因表达来诊断幼小婴儿的细菌感染。我们想看如何通过 R 有效地使用超级计算机来处理大量的基因表达数据集。

4.6.2 ARCHER 超级计算机

使用的超级计算机是 Cray XC30 MPP。这是 ARCHER 的一部分，英国学术国家超级计算服务。在撰写本书时（2015 年 3 月），这个服务包括 Cray XC30 MPP 超级计算机、外部登录节点、后处理节点以及相关的文件系统。

超级计算机本身由 4920 个计算节点组成，每个节点包含两个 12 核的 Intel Ivy Bridge 系列处理器，总共 118 080 个处理核心。4544 个计算节点的每个有 64 GB 的内存，剩余的 376 个计算节点有 128 GB 的内存。

在超级计算机上运行一个程序或脚本与在笔记本电脑或个人计算机上运行它是不同的。在 ARCHER 中，用户登录到外部登录节点之一，并创建一个包含指令的提交脚本以便执行所需的程序或应用程序。然后用户使用 PBS 批处理作业调度系统提交这个执行脚本作为在一个或多个 ARCHER 的计算节点上的一个作业。一些作业，如果有的话，使用 ARCHER 的全部数千个计算节点和数万个核心。相反，通过 PBS，将 ARCHER 组织为包含不同数量节点的队列。来用这个方式，多个作业可以在 ARCHER 上同时执行，每个作业都互斥访问与已提交队列相关的计算节点的子集。

为了充分利用超级计算机的计算能力，超级计算机（比如 ARCHER）经常访问已组织成一系列**队列**的计算节点。每个队列都有不同的约束，例如，一个队列可能限制为有 10 分钟或更少的运行时间以及请求 2 个或更少节点的作业。另一个队列可能限制为有 6 小时的最小运行时间且需要最多 150 个节点的作业。通常，队列配置更改超过 24 小时，以反映超级计算机的不同使用配置文件。例如，只有利用大量节点的那些队列是整夜活跃的。

让我们向 ARCHER 的计算节点提交 sprint_test.R 脚本来执行 SPRINT ptest() 函数。这个脚本和 ptest() 函数在这一章的前面部分已经描述过了。

```
library("sprint") # load the sprint package

ptest()

pterminate() # terminate the parallel processes

quit()
```

这是提交脚本。它包含注解、PBS 指令和 shell 脚本。

```
#!/bin/bash -login
# ! Edit the job name to identify separate job
#PBS -N ptest
# ! Edit number of nodes to fit your job
#PBS -l select=2
# ! Edit time to fit your job
#PBS -l walltime=00:09:00
# Replace with your own budget
#PBS -A a01

# Load R & SPRINT library
module swap PrgEnv-cray PrgEnv-gnu
module load R

# Change to the directory that the job was submitted from
cd $PBS_O_WORKDIR

# Replace $TMP with your own temporary directory.
export TMP=~/work/tmp

# Launch the job
aprun -n 48 R -f sprint_test.R
```

该脚本的第一行（#!/bin/bash-login）表明支持 Linux shell 用于在提交脚本中执行指令。在这种情况下，它是 bash 编译器。这些以 #PBS 开头的行是 PBS 的指令。所有以 # 开头的其他行表示注解。

提交脚本的第 3 行包含 # PBS - n ptest。这是一个指令去，它指示 PBS 运行这个脚本的内容作为一个叫作 ptest 的批处理作业。第 5 行的指令 (# PBS - lselect= 2) 指示 PBS 作业想要使用两个 AECHER 的计算节点。在 ARCHER 中，这将意味着作业互斥访问这些节点，在这些节点上将没有其他作业同时运行。第 7 行的指令 # PBS - l walltime=00:09:00 要求互斥地有这些节点的作业有 9 分钟的运行时间，第 9 行的指令 # PBS - A a01 表明将这些节点上运行这个作业的成本填充到 a01 代码的预算中。在 ARCHER 中，像许多超级计算机一样，用户必须支付执行程序或应用程序的费用。在 ARCHER 的实例中，这是通过预算工具管理的，可以授予用户一定数量的计算时间。对于一个成功的提交，预算代码必须是有效的，并且预算必须包含足够的时间来满足第 7 行要求的运行时间。请看第 12 和第 13 行：

```
module swap PrgEnv-cray PrgEnv-gnu
module load R
```

这些包含 shell 命令以便加载适当的应用程序开发环境应用于计算节点上使用。在 ARCHER 中，通过模块工具控制这些环境，允许编译器、库和软件的加载和切换。对于在 R 脚本中使用 SPRINT 包的情形，这意味着从 Cray 向 GNU 编程环境进行交换并且为在 ARCHER 中 R 的安装模块。第 15 行和第 18 行分别将工作目录更改为提交脚本的地方，并设置临时目录以便在执行期间使用。最后，看看文件的最后一行：

```
aprun -n 48 R -f sprint_test.R
```

它包含了 ARCHER 指令，该指令相当于以下操作系统命令行指令，这些指令我们在本章前面执行 sprint_test.R 时曾描述过：

```
$ mpiexec -n 5 R -f sprint_test.R
```

在 ARCHER 中，提交脚本调用 aprun 而不是 mpiexec 实例化 MPI 进程。这里 aprun 调用实例化 48 个进程，要求两个节点上的每个核心一个。在每个 ARCHER

计算节点中有 24 个核心。

如果这个提交脚本保存在一个名为 ptest.pbs 的文件中，则在 ARCHER 登录节点上的操作系统命令行键入下面的指令命令 PBS 使用这个文件创立一个在两个 ARCHER 计算节点上执行的作业。当该作业等待执行时，PBS 把它放置在队列中。

```
$ qsub test.pbs
```

在 ARCHER 中，PBS qstat 命令可以用来监控队列中作业的状态。下面是运行这个命令为我们提交的输出。参数 - u $ USER 命令 PBS 为当前的用户返回仅有这些作业的列表。

```
$ qstat -u $USER

sdb:
                                                               Req'd   Req'd     Elap
Job ID              Username  Queue       Jobname SessID NDS TSK Memory Time   S Time
------------------- --------- --------    ------- ------ -   ----------- ------ - ------
2761436.sdb  user A          S2755804    ptest           --          2
48           --              00:09 Q      -
```

在 job ID 下，输出显示了 PBS 分配给这个作业的标识符，在这种情况下，它是 2761436.sdb。在 Username 下是用户的名称 users A，它提交了该作业。在 Queue（S2755804）下列出了作业等待中的队列。在 Jobname 下是提交脚本中分配给作业的名称，即 ptest。如果这个作业正在运行，则在 SessID 下，是会话的标识符。在我们前面的例子中，作业还没有运行，所以它包含 --。在 NDS 下，是要求的计算节点的数量，即 2。

在 TSK 下是列出的要求的任务或者核心的数量——48。在 Req'd Memory 和 Req'd Time 下，分别列出了要求的内存和要求的运行时间，给定 "--" 表示没有要求具体的内存数量，00:09 表明要求的运行时间最多为 9 分钟。在 S 下，列出了作业的当前状态，并且当包含 Q 时表示作业正在排队。最后，Elap Time 表示到目前为止的运行时间。因为作业处于排队状态，所以正在等待执行，包含 "_" 意味着迄今为止没有花费任何运行时间。

当该作业真正执行后，它的输出和遇到的任何错误都列在了提交的提交脚本目录中的两个文件中。输出的文件称为 `ptest.o2761436`，并且在执行期间遇到的任何错误都保存在称为 `ptest.e2761436` 的文件中。如你所见，这些的名字来源于提交脚本中行 `# PBS - N ptest` 中指定的作业名和作业标识符，如 `qstat` 输出所示。

打开 `ptest.o2761436`，显示 48 R 启动和库加载信息，以及 48 `ptest()` 输出消息。下面是从文件中提取的一部分：

```
[1] "HELLO, FROM PROCESSOR: 0"  "HELLO, FROM PROCESSOR: 22"
[3] "HELLO, FROM PROCESSOR: 17" "HELLO, FROM PROCESSOR: 24"…
```

4.6.3　随机森林

有多个算法可以用于将血液样本分类为感染的或健康的。随机森林是一个这样的分类算法。基于一组已知的样本类，随机森林将预测一个新样本的类成员。对于大的数据集，随机森林通常不能用于诊断测试。相反，它用于识别能更好预测未知样本的类的基因。这些基因是研究感染免疫反应的生物学家感兴趣的，并且也是创建诊断测试的主要候选者。

随机森林算法是一个集合树分类器，它从数据集的引导程序重新取样来构造分类树的森林。在《 Machine Learning 》第 1 期第 5 卷的 Breiman 的论文中可以找到更多随机森林的信息。

在随机森林中，一棵**分类树**由节点组成，基于一些变量（随机选取）的值每个节点划分这个数据集。当构造树时，我们可以通过从根节点将观测实例发送到树来对观测实例进行分类。在树的每一个分支，通过将变量的值与树节点的规则进行比较来做出决定。例如，在所有观测节点的一个节点中，变量 A 的值大于 1.4 的观测值将放到右分支，其他的观测将放到左分支。观测预测的类是它的叶子节点。随机森林算法在原始数据集中随机选择一些观测值来创建一个分类树的森林，然后使用它对数据进行分类。这些也提供了关于哪些变量对正确分类数据最重要的有用信息。通过将观测值发送到森林中的每棵树对观测值进行分类。如果 1000 棵树对观测值 X 进行投票，而它可以分类为类 AB，而 200 棵树进行投票，它是类 CD，那么观测 X 可以分类为类 AB。有一些争论是最小数量的树生成特定大小的数据集，但一般的观点是服从计算约束条件，生成的树越多，产生分类的置信度就越大。

　　一个数据集的引导程序重采样是通过从数据集中随机选取观测值来创建的，直到引导程序数据集中的观测值的数量与原始数据集中的观测值的数量相同。具有替换重采样是在相同的引导再取样中包含不止一次对观测的选取。也就是说，观测保留在可能的观测值的池中，它可以从引导程序重采样的原始数据集中选择。

Mitchell 的论文（参见 http://onlinelibrary.wiley.com/doi/10.1002/cpe.2928/full）描述了并行随机森林的两个选项。你可以或者并行化引导程序阶段或者并行化一棵树的生成。

　　后一种并行化一棵树生成的选择是两种选择中比较复杂的一种。即便如此，许多并行生成决策树的现有算法确实存在。然而，所有这些算法是为在社会科学中遇到的数据而设计的，在社会科学中有很多典型的样本（成百上千或者数百万），但是只有少数的变量（几十或几百）描述每个样本。这些算法利用样本中的并行性，在并行进程之间分离它们。不幸的是，这些算法没很好地映射到微阵列和 NGS 数据，那里样本的数量是小的（通常几十或几百），而变量的数量是很大的（通常数千或数百万），此外，由于树的每个分割只考虑所有变量的一个子集，所以如果我们通过对变量进行并行化（而不是实例），则将缺乏负载均衡。

　　鉴于 SPRINT R 包的起源作为来自感染和通路医学部门的生命科学家与来自爱丁堡大学的爱丁堡并行计算中心的 HPC 专家之间的合作，随机森林的实现使用了一种任务并行方式。在这个任务并行方式中，将引导程序样本分发给并行进程，并且将结果进行组合。然而，这种方式在原始微阵列或 NGS 数据中是受限制的，这些数据必须在一个 R 进程的内存中。

　　随机森林方法的 SPRINT 实现的这个任务并行化性质意味着它可以重用各代随机森林的现有 R 代码。也就是说，它使用 Breiman 和 Culter 的 randomForest R 包，它可以从 CRAN（参见 http://cran.r-project.org/web/packages/random-Forest/randomForest.pdf）下载。这允许 SPRINT 实现的用户接口可以正确地模拟序列码的调用约定。然而，由于随机引导程序的性质，当并行的结果与串行执行的结果在数字上并不相等时，它们在统计规范内相等。

4.6.4　基因组分析案例研究的数据

在本章中，我们将使用在 ARCHER 超级计算机上执行的随机森林的 SPRINT 并行实现来测试一个假设，该假设是通过基因转录分析，可以识别新生儿体内的细菌感染。

在图像处理和初始数据处理后，有一个为分析基因表达而准备的小数据集的例子，它由 20 个样本中的 25 000 个基因的数据矩阵组成。一个大的基因分型数据集由 2000 个样本中 2 百万个**单核苷酸多肽链（SNP）**组成。大多数分析方法涉及维数，变量的数量（即基因、SNP 或序列的数量）大大超过样本的数量。这不同于在社会科学中产生的数据集的种类，社会科学中一个典型的数据集由少量的变量和大量的样本组成。如前所述，随机森林的 SPRINT 实现用于处理具有大量变量的生物数据集。

为研究细菌感染，感染和通路医学部门从 62 个婴儿收集血液样本——已经证实其中的 27 个婴儿细菌感染，35 个是未受感染控制。总体目标是确定可以可靠确定一个未知血液样本是否受感染的基因集。

将血液样本处理为 RNA 水平，将每个样本杂交为一个 Illumina 人类基因表达微阵列。每个阵列包含 23 292 个探针序列用来测量人类基因组中的所有已知基因的表达。

4.6.5　ARCHER 中的随机森林性能

在 64 GB 的内存节点上使用一个核心的 ARCHER 超级计算机，串行随机森林实现花费大约 168 秒的运行时间，根据从收集的血液样本推导出的数据生成一个 8192 棵树（64×128）的森林。

图 4-7 显示了在一个核心上运行串行实现的运行时间，以及用相同数据在 ARCHER 64 GB 计算节点上的 2、4、8、16、32、64、128、256、512 和 912 个核心上的随机森林的 SPRINT 实现的运行时间。

图 4-8 显示了相对于串行执行的 SPRINT 实现加速比（加速比和 Amdahl 定律在

第 6 章解释）。

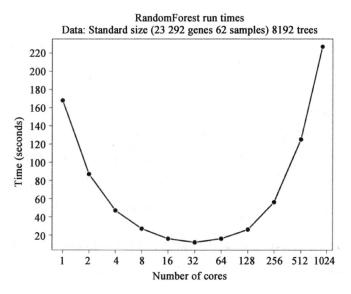

图 4-7　由 23 292 个基因和 62 个样本组成的 8192 棵树生成的随机森林的运行时间。*x* 轴
　　　是对数刻度，它显示了用于每个执行中的所有核心的序列

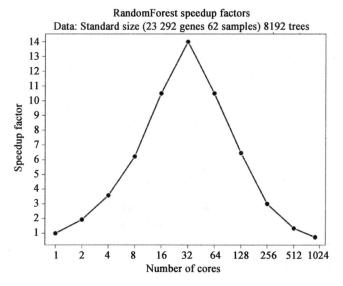

图 4-8　相对串行代码的随机森林的 SPRINT 实现的加速比。*x* 轴是对数刻度，显示了每
　　　个执行中的所有核心的序列

如图 4-8 所示，加速比是适度的，在 32 个核心时达到了尖峰 14，并达到了最快速的运行时间 12 秒。超过 32 个核心，对于这个大小的数据集，通信的部分结果和重组它们的开销超过并行生成树的收益。这种效应在图 4-9 中进一步说明。

SPRINT 随机森林实现使用一个任务并行方法，即每个核心负责在总引导样本（也就是，树）的子集上执行随机森林，随后，这些结果被结合在一起。图 4-9 显示用同样数据执行 SPRINT 随机森林的运行时间，但该时间，根据使用的核心的数量，改变引导程序样本（即树）的数量。当有一个核心时，仅仅使用了 128 棵树；两个核心时，使用了 256 棵树；等等直到 512 个核心时，使用 65 536 棵树。也就是说，使用的每个核心总是生成 128 棵树。图 4-9 显示了总运行时间除以每个运行的核心的数量，即计算每个执行过程中每个核心生成 128 棵树所用的时间。

因此，这有助于展示通信的部分结果和重组它们的影响，大于 32 个核心，通信和重组的开销远远超过这个大小的数据集的整体性能优势。

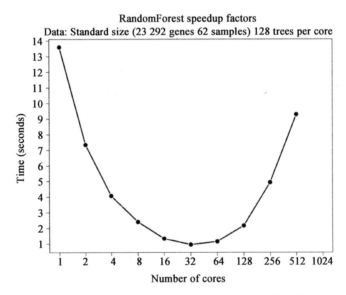

图 4-9　用每核心 128 棵树（和一个具有 23 292 个基因、62 个样本的固定大小的数据集）执行 SPRINT 随机森林。*x* 轴是对数刻度，显示用于每个执行过程的所有核心的序列

正如本章前面所提到的，NGS 数据集是非常大的，因此我们使用来自新生儿体

内细菌感染研究中的数据，生成一个与 NGS 数据集大小相当的数据集。图 4-10 显示了包含 512 000 个变量的数据集的运行时间（当通过 NGS 技术生成时，这样的数量可能包含非编码序列、单核苷酸多态链、基因剪接变体等），这些变量来源于我们的原始 23 292 个基因。也生成了 8192 棵树。

这里，串行运行时间超过 100 分钟，但是在 128 个核心上采用 SPRINT 并行实现运行它时，运行时间减少到仅仅一分半钟。这些再次在 ARCHER 的 64GB 内存计算节点上运行。

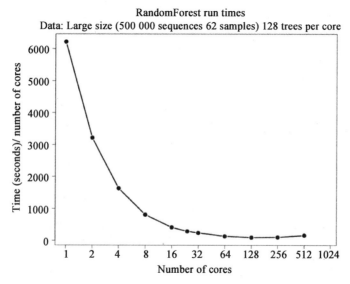

图 4-10 从一个具有 512 000 个变量和 62 个样本的数据集中生成 8192 棵树的并行随机森林运行时间。y 轴表示每个执行的时间（秒），而 x 轴是对数刻度，表示用于每个执行过程的所有核心的序列

图 4-11 显示了相对于串行实现的加速比。在 128 个核心中实现了至少 64 的加速比。超过这个数量的核心，与较小的数据集一样，通信的部分结果和重组它们的开销超过了并行生成树的收益。

较小的数据集使用 32 个核心达到了最大的速度；较大的数据集使用 128 个核心达到了最大的速度。使用核心的理想数量取决于你的数据集。

运行这个作业生成了图 4-12，该图与图 4-9 类似，每个内核有 128 棵树，但此时有一个大的数据集，包含 500 000 个序列。这证实了不论这个数据集有多大，它都有一个更高的核心数，树的通信和重组开销超过了并行化的收益。

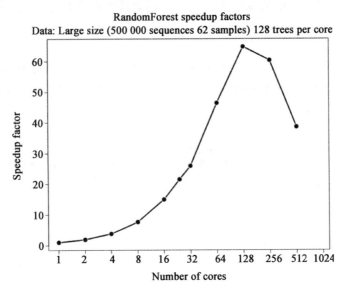

图 4-11　相对于从 512 000 个变量和 62 个样本的数据集中生成 8192 棵树的并行随机森林的串行实现的加速比。x 轴是对数刻度，表示用于每个执行过程的所有核的序列

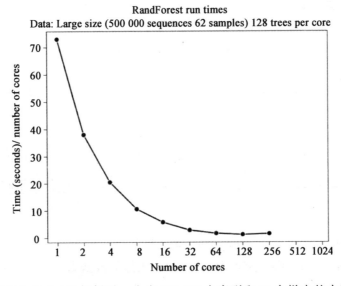

图 4-12　用每个核心 128 棵树对一个有 500 000 个序列和 62 个样本的大数据集执行 SPRINT 随机森林。x 轴是对数刻度，显示用于执行每个过程的所有核心的序列

4.6.6　排名产品

基因表达数据经常用来确定哪些个体基因显示出组间表达的统计学显著变化，例如，在健康和患病的样本之间。尽管在标准情况下，频繁使用带有经验贝叶斯调节 t 检验的 limma 包对于大多数分析是足够的，但在某些情况下（非参数数据假设、元分析），排名产品检验是稳健统计检验的另一个例子，稳健统计检验关注基因表达的折叠变化（从本质上讲，直接测量折叠变化的稳定性，而不是测量组特异性基因表达含义和相关的基因变异性）。

因此，排名产品被认为是一个能够识别重要基因的的特征选择方式。（更多排名产品的详细信息，参见 Breitling 等人 2004 年的论文 "Rank products: a simple, yet powerful, new method to detect differentially regulated genes in replicated microarray experiments." 这可以在 http://www.ncbi.nlm.nih.gov/pubmed/15327980 上免费获得）。

正如 Mitchell 等人关于 URL 的解释，4.6.3 节涉及 URL，排名产品适用于比较两种不同实验条件的实验，例如，A 类和 B 类，实际上，包括 3 个步骤：

1）对于每一个基因，一个排名产品通过以下来计算：

❑ 在所有 A 类与 B 类的成对比较中，对折叠变化值进行排名。
❑ 在所有样品中选取这些排名的产品。

2）计算排名产品的零分布。如果基因之间或样本之间没有分化，那么这是期望的分布。不幸的是，不可能构建零分布的解析形式，因此它是使用引导程序过程数值构造的。这涉及通过独立地变更每个样本的基因表达向量来创建一个随机实验，并且在随机数据中计算所有基因的排名产品。这将重复很多次（10 000 或 100 000 次）来为零假设创建一个排名产品的分布。

3）然后将通过实验观察到的排名基因的排名产品与零分布进行比较。通过比较实际测量值如何比较机会（也就是说，对随机基因表达数据测量数千个值），这允许准确地计算显著性水平和估计临界值。

正如 Mitchell 等人所观测到的，这是 3 个步骤的第二步，引导程序的零分布的生成是计算昂贵的部分。排名产品的 SPRINT 实现通过在可用进程之间划分所需的引导程序样本数来采取一个任务并行方式。这要求将输入数据集广播给所有的进程。然后独立地计算引导程序样本，整理结果并将其返回给主进程以便进一步分析。与随机森林的 SPRINT 实现类似，只要输入数据适合一个进程的可用内存，那么排名产品实现就会运行良好。

4.6.7 ARCHER 中的排名产品性能

现在，让我们用来自新生儿体内的细菌感染的研究数据来运行排名产品的 SPRINT 并行实现，也就是说，23 292 个基因，62 个样本。对于 1024 个样本（排列），在一个 ARCHER 64GB 内存计算节点的单核心上运行它，运行时间超过 2.5 小时，在 ARCHER 64GB 计算节点的 512 核心上运行——这已经戏剧化地减少到了仅仅超过半分钟。相对于单个核的运行时间，这是一个接近 290 的加速比。对于更大的核心数量，加速比开始减少。图 4-13 显示了在 1、2、4、8、16、32、64、128、256、512 和 960 个核心上的运行时间，图 4-14 显示了相对于在一个核心上的运行时间的加速比。

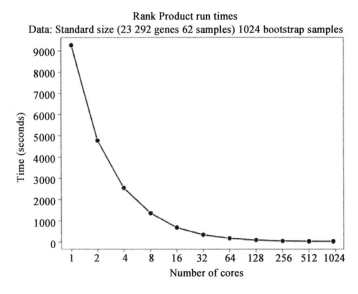

图 4-13　1024 引导样品（即排列）的等级产品在 23 292 基因以及 62 样本的数据集上的运行时间。x 轴是对数刻度，用于显示在每个执行中使用的所有核心的序列

从图 4-14 可以看出，在较小的核心数量中，加速比是接近最优的，但越来越小，这样到 512 个核心时，加速比是 289 960 个核心时，加速比已经开始减少。

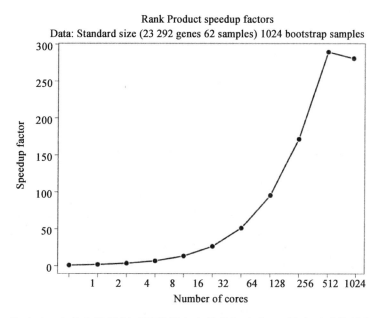

图 4-14　相对于一个核心的运行时间的排名产品的加速比。x 轴表示对数刻度，显示每
　　　　个执行过程中使用到的所有核心的序列

正如本节前面所提到的，在理想的情况下，当执行排名产品时，将使用 10 000 和 100 000 排列之间的某处。图 4-15 显示了当使用 16 384 个排列而不是 1024 个排列时，相同数据的运行时间。没有收集单核和双核上的运行时间，因为这些时间将超过 12 小时。

4 个核心的运行时间超过 11 小时，而在 912 内核心中，运行时间将减少到小于 3.5 分钟。

看着这些最新结果的加速比，相对于 4 个核心结果的运行时间，当在具有更多引导程序样本的数据中执行排名产品时，揭示了更多的性能。图 4-16 显示了在 912 个核心上的加速比为 200，这离最佳的加速比（即 228）并不远，相对于 4 个核心的运行时间。

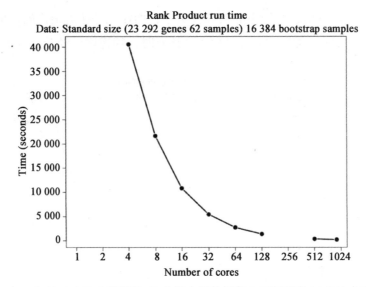

图 4-15　在一个有 23 292 个基因和 62 个样本的数据集上运行具有 16 384 个引导程序样本（即排列）的排名产品的运行时间。x 轴是对数刻度，显示了用于每个执行过程中的所有核心的序列。一个 256 个核心的作业此时没有执行，因此间隔为 128 和 512 之间

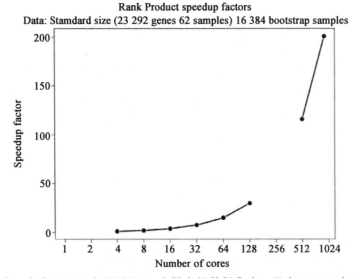

图 4-16　在一个有 23 292 个基因和 62 个样本的数据集中，具有 16 384 个引导程序样本（即排列）的排名产品的 4 个核心的运行时间的加速比。x 轴是对数刻度，显示了用于每个执行过程的所有核心的序列。一个 256 个核心的程序此时没有运行，因此间隔为 128 和 512 之间

最后，源于我们原始的 23 292 个基因，一个数据集由 500 000 个变量组成，提供了一个大小相当的 NGS 数据集。在这个具有 16 384 个引导程序样本中运行排名产品，单个核心和小数量核心中的运行时间是过多的。事实上，在 ARCHER 中，在运行时间降到 12 小时以下前，需求 256 个核心。在 912 个核心中，运行时间下降到仅仅 2 小时以下，有 3.44 的加速比，相对于 256 个核心的运行时间——接近最优值 3.56。很明显，这些结果表明，对于较大的数据集和较大数量的引导程序样本，访问超级计算机中的大量的核心在执行时间上会有一个戏剧化的影响，但这显然是依赖于算法的。

4.6.8　结论

这或许是显而易见的事实，但这是值得重复的，当在一台超级计算机上有访问数千个核心时，你是否可以实际利用大量的核心来得到好的效果，这不仅依赖于你问题的大小，而且还依赖于你想要应用于它的算法，更重要的是它的实际实现。

随机森林和排名产品的性能结果提供了前两个因素的示例，问题大小和算法。在随机森林示例中，两个数据集中较小的数据集在使用 32 个核心时，运行时间达到了最快，而较大的数据集在使用 128 个核心时，运行时间达到最快。比较随机森林与排名产品的性能，在具有较小数量的引导程序样本的较小数据集中，当具有 512 个核心时，后者达到最快速的运行时间和最好的加速比。然而，当引导程序样品的数量首先增加，然后数据的大小增加时，在高核心数量中，当加速比接近最优时，运行时间得到了戏剧性的变化。

此外，在超级计算机上减少运行时间是可以实现的，例如，当参数最优化或者问题解决需要频繁运行时，ARCHER 一般会发挥它的最大用处。对于一次性分析，可以减少运行时间和问题的大小，这需要权衡创建提交脚本和在作业队列中等候的时间需求。然而，重用现有的高度优化的包，比如 SPRINT 包，可以在你的笔记本电脑上对你的代码进行先验检验，可以显著减少实现并行代码所付出的努力，这些并行代码可以有效地利用超级计算机架构。

4.7　总结

在本章中，已经向你展示了如何编写自己的并行程序，并使它们在 R 中可直接调用。你也学会了如何在这样的并行程序中创建自己的小程序，并将它们放入一个 R 包中，然后你就可以在其他 R 程序中重新使用它们。已经介绍了 SPRINT 包并研究它的架构来展示你可以如何组织自己的包，或者，使用 SPRINT 包本身并将自己的并行程序包括在它内。

最后，本章展示了在超级计算机上如何使用基于 MPI 的 R 包开发数百或数千个核心来戏剧性地提高 R 程序的性能。

在下一章中，将我们的注意力从开发世界上最昂贵的超级计算机转移到潜伏在你笔记本电脑和台式计算机中的公认的更容易访问的超级计算机上，**图形处理器**（GPU）。我们将探索如何通过便携式高性能**开放计算语言**（Open CL）利用 GPU 的特殊并行和向量处理架构。你将学习如何使用 R 中的 GPU 来利用数千个更简单的处理器，GPU 通常仅仅用于系统加速图形绘制中，为更一般的高数值计算获得每秒 10 亿浮点运算性能。

第 5 章 *Chapter 5*

笔记本中的超级计算机

在本章中，我们将使用 R 语言解锁**图形处理器**的并行计算能力，从而使我们能处理某些潜在的、每秒 10 亿浮点运算和每秒 10 的 12 次方浮点运算性能的向量计算。为此，我们需要挽起袖子，获取技术，以及走出以前我们对 R 语言认知的舒服地带。

在本章中，我们将遇见的新的概念、框架和语言，包括：

❑ OpenCL
❑ ROpenCL——提供关于使用 OpenCL 的抽象接口的 R 包。
❑ **单指令多数据流**（SIMD）向量并行性。
❑ 在 R 中直接执行 C（C99）语言代码。
❑ 开发 ROpenCL 距离度量的实现作为常用的聚类算法。

是时候穿上你的实验服并戴上你的锡箔帽了⋯⋯

5.1　OpenCL

开放计算语言（OpenCL）是编写在包括 CPU、GPU、**数字信号处理**（DSP）以及

现场可编程门阵列（FPGA）等混合设备的异构计算平台上执行的便携式高性能程序的行业标准框架。OpenCL 能通过笔记本电脑、台式计算机、超级计算机，甚至手机设备进行操作。

OpenCL 最初由苹果公司在 2008 年开发，但是随后迁移入由 Khronos Group 主办的开放标准 API。苹果（Apple）、英特尔（Intel）、英伟达（NVIDIA）、AMD、Google、亚马逊（Amazon）、IBM、微软（Microsoft）以及计算行业的其他重要公司都是它的成员。

除了 OpenCL 外，Khronos 监督一系列相关标准，最突出的是，长期建立的开放图形库（OpenGL），它定义了非常适用于高性能 3D 图形绘制的 API。甚至，OpenCL 和 OpenGL 都用于交互操作，使得可以在相同的 GPU 设备上进行高效、广义计算和结果的图像绘制。

OpenCL 的最新版本是 2.0，在 2013 年年底发布，但是你将遇见的很多计算设备仍然参考 OpenCL 的早期版本，通常是 1.2。这个版本是在我的 mid-2014 Apple MackBook Pro 设备上运行的 OS X 10.9.4。为了本章的目的，对于支持 OpenCL 1.2 和 2.0 来说，在 API 调用上没有什么重要的不同。

OpenCL 资源
下面是一些免费的关于 OpenCL 的在线资源，它们提供了本章以外的一些有用的参考和技术细节：

❏ https://www.khronos.org/registry/cl/specs/opencl-1.2.pdf：它包含了 OpenCL 1.2 API 规范的完整描述。OpenCL API 规范的其他版本可以在 Khronos 网站上找到。

❏ https://www.khronos.org/registry/cl/sdk/1.2/docs/man/xhtml/：它包含易于网页导航的 API 在线版本手册。

❏ https://www.khronos.org/registry/cl/sdk/1.2/docs/OpenCL-1.2-refcard.pdf：它包含了一个 API 的快速提示格式的参考卡。

❏ https://www.khronos.org/conformance/adopters/conformant-products/#opencl：Khronos 维护一个支持多个厂商的 OpenCL 的设备

清单。

❑ http://support.apple.com/en-gb/HT5942：苹果也提供了支持 OpenCL 的自己的硬件清单。

❑ https://developer.apple.com/library/mac/documentation/ Performance/Conceptual/OpenCL_MacProgGuide/Introduction/ Introduction.html#//apple_ref/doc/uid/TP40008312-CH1- SW1：它包含了怎样使用 OpenCL 编程并优化其性能的优秀阐述，尤其是在 OS X 平台上。

为了获得最好的开发 OpenCL 和 GPU 的能力，我们有许多的概念以及底层机制要学习。然而，我们首先将确切地找出在系统上运行的是什么，并分离各个概念层来进行学习。

查询你系统的 OpenCL 能力

我们与 OpenCL 的交互最开始是通过 C 语言的接口实现的。这使得我们能直接查询 R 语言所运行的系统上依赖最小的非标准 R 语言包，而且在我们解决了编写 OpenCL 核函数的复杂性问题之后我们还给出 C 的详细介绍。在下一节中，我们将介绍专用的 ROpenCL 包，它提供了用最少的 C 代码从 R 与本地 OpenCL 进行交互，即 OpenCL 的核函数。

关于 C

你不必担心是否第一次遇见这种底层编程语言。C 语言是伴随着 UNIX 系统的创立而出现的（OS X 也是基于 UNIX 的），虽然它看起来有点陌生，但它的很多基本结构和逻辑 / 表达语法与 R 类似（R 本身就是由 C 实现的）。C 与 R 的关键的不同是，我们不得不直接分配和管理我们在程序中创建的任何数据项或者对象的内存。相反，R 自己管理内存，我们不用关心数值数据所需要的内存字节数，也不需要关心何时我们程序中的内存自动释放以便重用，因为 R 将自动收集垃圾。C 也是一个强编译类型的语言（忽略 C 的强制类型转换内存指针），而 R 是一种多类型解释型语言。

C 的简答在线使用教程可以在以下链接上找到：

❏ http://www.learn-c.org/

❏ http://www.cprogramming.com/tutorial/c-tutorial.html

更深入的免费资源是《The C Book》（可能有点儿过时），你可以在下面的链接上找到它：http://publications.gbdirect.co.uk/c_book/。

尽管现在是 C99 和 C11，但这些最近的 C 语言标准被用于 OpenCL 的基础，《The C Book》仍然相关并完整地介绍了语法和如何编写 C 程序。

R 是一个非常强大的编程环境，在其中已经集成了许多用其他语言编写的包，包括 C、C++ 和 Java。我们将利用从 CRAN（http://cran.r-project.org/web/packages/inline/index.html）上下载一个特定的包 inline，它将使我们能够将一个 C 代码片段作为一个 R 函数直接运行。我们将在下面使用此功能来定义一个函数，该函数使用多个 OpenCL API 调用来查询可用的平台和设备的配置：

```
> library("inline")
> cbody <- 'cl_platform_id pfm[1]; cl_uint np;
  clGetPlatformIDs(1,pfm,&np);
  for (int p = 0; p < np; p++) {/* Outer: Loop over platforms */
   char cb1[128]; char cb2[128]; cl_device_id dev[2];
   cl_uint nd; size_t siz;
   clGetPlatformInfo(pfm[p],CL_PLATFORM_VENDOR,128,cb1,NULL);
   clGetPlatformInfo(pfm[p],CL_PLATFORM_NAME,128,cb2,NULL);
   printf("### Platforms[%d] : %s-%s\\n",p+1,cb1,cb2);
   clGetPlatformInfo(pfm[p],CL_PLATFORM_VERSION,128,cb1,NULL);
   printf("CL_PLATFORM_VERSION: %s\\n",cb1);
   clGetDeviceIDs(pfm[p],CL_DEVICE_TYPE_GPU|CL_DEVICE_TYPE_CPU,
                  2,dev,&nd);
   for (int d = 0; d < nd; d++) {/* Inner: Loop over devices */
    cl_uint uival; cl_ulong ulval; cl_device_type dt;
    size_t szs[10]; cl_device_fp_config fp;
    clGetDeviceInfo(dev[d],CL_DEVICE_VENDOR,128,cb1,NULL);
    clGetDeviceInfo(dev[d],CL_DEVICE_NAME,128,cb2,NULL);
    printf("*** Devices[%d] : %s-%s\\n",d+1,cb1,cb2);
    clGetDeviceInfo(dev[d],CL_DEVICE_TYPE,
                    sizeof(cl_device_type),&dt,NULL);
```

```
    printf("CL_DEVICE_TYPE: %s\\n",
           dt & CL_DEVICE_TYPE_GPU ? "GPU" : "CPU");
    clGetDeviceInfo(dev[d],CL_DEVICE_VERSION,128,cb1,NULL);
    printf("CL_DEVICE_VERSION: %s\\n",cb1);
    clGetDeviceInfo(dev[d],CL_DEVICE_MAX_COMPUTE_UNITS,
                    sizeof(cl_uint),&uival,NULL);
    printf("CL_DEVICE_MAX_COMPUTE_UNITS: %u\\n",uival);
    clGetDeviceInfo(dev[d],CL_DEVICE_MAX_CLOCK_FREQUENCY,
                    sizeof(cl_uint),&uival,NULL);
    printf("CL_DEVICE_MAX_CLOCK_FREQUENCY: %u MHz\\n",uival);
    clGetDeviceInfo(dev[d],CL_DEVICE_GLOBAL_MEM_SIZE,
                    sizeof(cl_ulong),&ulval,NULL);
    printf("CL_DEVICE_GLOBAL_MEM_SIZE: %llu Mb\\n",
           ulval/(1024L*1024L));
    clGetDeviceInfo(dev[d],CL_DEVICE_LOCAL_MEM_SIZE,
                    sizeof(cl_ulong),&ulval,NULL);
    printf("CL_DEVICE_LOCAL_MEM_SIZE: %llu Kb\\n",ulval/1024L);
    clGetDeviceInfo(dev[d],CL_DEVICE_DOUBLE_FP_CONFIG,
                    sizeof(cl_device_fp_config),&fp,NULL);
    printf("Supports double precision floating-point? %s\\n",
           fp != 0 ? "yes" : "no");
  }
}'
```

C 代码可能看起来有点令人怯步，所以让我们回顾它是什么。该代码是作为一个 C 函数定义的主体，没有它的封闭括号作为在 R（cbody）中的引用字符串。该代码调用 4 个 OpenCL API 查询函数：clGetPlatformIDs、clGetPlatformInfo、clGetDeviceIDs 和 clGetDeviceInfo。for 循环的外部遍历系统中定义的 OpenCL 平台的数量，for 循环的内部遍历每个平台中定义的 OpenCL 设备的数量。实际上，第一个循环一定为一个元素，因为我们限制 clGetPlatformIDs() 的调用返回一个大小为 1 的一维 C 数组。因此我们运行的大多数系统只有一个定义的 OpenCL 平台。第二个循环也限制选择 clGetDeviceIDs() 的参数以便只返回 CPU 和 GPU 类型设备的信息。其余的代码对 clGetPlatformInfo 和 clGetDeviceInfo 进行一系列调用，每次调用查询特定的 OpenCL 配置参数，然后将返回的配置值输出到控制台。

更多关于 C

在前面展示的代码中有许多关于 OpenCL 的看法。

首先，C 语言中数组的索引从 0 到 $N-1$，而 R 是从 1 到 N。代码各部分的描述是：

`clGetPlatformIDs(1, pfm, &np)`：C 允许通过引用加上前缀与字符（`&`）显式地传递变量，意思是"……的地址"。引用数组的变量总是以引用的方式传递。在这个例子中，pfm 等于 `&pfm[0]`。

`for(int d=0; d<nd; d++)`：这是一个迭代循环结构，它声明一个整数循环变量 d，d 在第一次迭代时初始化为零，在每次迭代的开始进行条件判断，并在每次迭代结束时使用 ++ 运算符给 d 递增 1，如果 n<nd 不成立则终止循环。

`char cb1[128]`：这将分配一个名为 cb1 大小为 128 个字符的字符缓冲区。因为这是一个局部变量，所以从进程栈中分配存储器，因此，其未赋值的内容可以是任何随机值。

在 C 语言中，我们使用 `printf()` 生成格式化输出到控制台，这与 `print()` 和 `paste()` 有点儿类似。因为 C 代码放在 R 字符串中，所以我们需要转义任何控制字符，例如换行符（例如，`"\n"` 变成 `"\\n"`），以便可以通过 R 到 C 的定义和编译过程来保存它们。

看一看以下代码：

```
> clfn <- cfunction(signature(), cbody, convention=".C",
+                   includes=list("#include <stdio.h>",
+                                 "#include <OpenCL/opencl.h>"))
```

使用 inline 包的 `cfunction()` 函数创建该函数的 R 等价函数，通过使用额外的前端模板、交叉调用代码并使用系统内置的 C 编译器编译它来包装 C 语言主体。我们传递 `cfunction()` 函数，调用识别我们函数期望的任何参数（在我们的例子中，没有传递参数）的签名和任何头文件，包括 C 语言代码可能调用的 C 库函数中的文件（在我们的例子中，我们将调用在 stdio.h 中声明的 `printf()` 和在 opencl.h 中定义的 clX API 调用）。

在其他操作系统上的 OpenCL

有用的是，OS X 预装了 OpenCL。但是，对于其他操作系统，比如 Windows 或 Linux，你需要自己安装 OpenCL。以下来自 Intel 的 FAQ 链接提供了在基于 Intel 处理器的系统上设置 OpenCL 所需的所有建议：https : //software. intel.com/en-us/intel-opencl/faq

既然我们了解了代码的作用，让我们运行它：

```
> clfn()
list()
### Platforms[1]: Apple-Apple
CL_PLATFORM_VERSION: OpenCL 1.2 (Apr 25 2014 22:04:25)
*** Devices[1]: Intel-Intel(R) Core(TM) i5-4288U CPU @ 2.60GHz
CL_DEVICE_TYPE: CPU
CL_DEVICE_VERSION: OpenCL 1.2
CL_DEVICE_MAX_COMPUTE_UNITS: 4
CL_DEVICE_MAX_CLOCK_FREQUENCY: 2600 MHz
CL_DEVICE_GLOBAL_MEM_SIZE: 16384 Mb
CL_DEVICE_LOCAL_MEM_SIZE: 32 Kb
Supports double precision floating-point? yes
*** Devices[2]: Intel-Iris
CL_DEVICE_TYPE: GPU
CL_DEVICE_VERSION: OpenCL 1.2
CL_DEVICE_MAX_COMPUTE_UNITS: 280
CL_DEVICE_MAX_CLOCK_FREQUENCY: 1200 MHz
CL_DEVICE_GLOBAL_MEM_SIZE: 1536 Mb
CL_DEVICE_LOCAL_MEM_SIZE: 64 Kb
```

是否支持双精度浮点？否。

我们可以从输出中注意到，我的 MacBook Pro 笔记本电脑是带有一个 Intel i5 CPU 设备和一个 Intel Iris GPU 设备的 Apple OpenCL 平台。显然，你的特定输出可能不同。

所有的平台和设备都支持 OpenCL 1.2。CPU 有 4 个 OpenCL **计算单元**（CU），如果你还记得在第 1 章中，匹配其独立指令处理线程的数量。然而，GPU 有很大数量的 CU，即有 280 个。我们可以从制造商的 Iris GPU 的信息中确定有 40 个 SIMD 内核**执行单元**（EU）分成了 4 个分片，每个分片包含 10 个 EU，每个 EU 能够同时运行 7 个线程（280 个计算单元＝40 个执行单元 ×7 个线程）。

OpenCL 报告，CPU 可以访问主存储器中的 16GB，而 GPU 拥有 1.5GB 内存，可以从中直接处理数据。平台中 OpenCL 设备内存的差别对于整体性能以及表现十分重要。在 R 中，数据在 CPU 间移动（称为 OpenCL "主机"），其中将执行我们的 R 会话，并需要特定的 OpenCL C 函数（称为 OpenCL "内核"）在传输数据上执行计算的 GPU 设备是 OpenCL 编程模型的关键方面。

图 5-1 展示了在 MacBook Pro 设备上的 OpenCL 平台的主要架构特性，在下一节中也将介绍基本的 ROpenCL 编程模型。

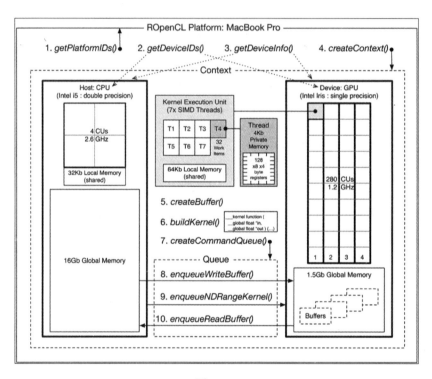

图   5-1

当 CPU 有很少的 CU 时，CPU 能以 2.6GHz 的速度运行，而 GPU 运行变慢，最高运行速度不会超过 1.2GHz。基于 Intel 的产品数据，CPU 能达到最大 166.4 GFLOPS 的浮点运算性能，但 GPU 明显更快，运算性能的峰值能达到 768 GFLOPS。当然，理论峰值 GFLOPS 通常在实际中是达不到的。

GFLOPS

GFLOPS 指的是吉拍或者 1000 次数以百万计的单精度"每秒浮点运算"。它曾经是超级计算机的经典性能度量指标，但是随着最近几年技术的发展，单个微处理机能够拥有 GFLOPS 的性能（10^9 FLOPS），正如我们的笔记本一样。现在的超级计算机以 PetaFLOPS（10^{18} FLOPS）为单位来度量计算速度。目前世界排名最高的是中国天河 2 号超级计算机，它的峰值性能为 33.86 PFLOPS，使用超过 300 万个核心，需要 24 兆瓦电力（足以为 20 000 个家庭供电）。还需要注意的是：世界顶级超级计算机利用额外的 GPU 协处理器都实现了它们的排名。参考 http://www.top500.org/lists/2015/11/。

　　CPU 与 GPU 之间另一个显著的区别就是前者支持双精度浮点运算（64 位），而后者只支持单精度浮点运算（32 位）。大部分最新一代消费级 GPU 在单精度浮点运算中表现最好。然而，更昂贵的面向科学计算的 GPU 将支持双精度运算。

双精度与单精度浮点运算

R 本身将非整型数值存储为双精度浮点型。我们基于主机的 R 会话和一个只能处理单精度的 GPU 共享浮点数据，意味着我们必须复制和转换浮点数据进行双向转换操作，这也使我们的数据丢失精度。基于我们数据的数值域范围，与双精度相比，单精度浮点数通常只有 2～4 位的小数点位数的精度。虽然许多形式的科学计算可能需要 64 位浮点提供额外的精度，但有许多只需要单精度的近似分析。在本章后面，我们将探讨使用 GPU 计算将大量的观测值和变量作为聚类分析的输入距离矩阵。

　　正如先前暗示的，OpenCL 有大量的概念和 API 调用，其中描述的许多功能超出了我们的需要，包括多道程序、多核或多设备场景和行为、图像处理，以及图形绘制的交互。OpenCL 是一个复杂的接口并且有很多争论的地方，这可能需要一整本书来描述。

OpenCL 进一步阅读

如果你想了解 OpenCL 的所有功能，我建议你仔细阅读前面强调的 Khronos

资源。你可能也喜欢考虑看一本优秀的（即使有点过时）由 Matthew Scarpino 所著的并由 Manning 出版社出版的《OpenCL in Action》。

我们对 OpenCL 的研究将专注于学习我们需要了解的从 R 中使用 GPU 的知识。为此，我们将使用一个特定的 R 包，即 ROpenCL，它提供给我们的仅仅是 OpenCL API 的接口，我们需要这些接口在 GPU 上执行加速 R 向量处理。

5.2 ROpenCL 包

ROpenCL 包是由 Willem Ligtenberg 和本书的作者共同开发的，它本质上是一个有限范围的 R 便利函数的集合，这些函数封装了 OpenCL C API 并简化了其复杂性的很多方面。ROpenCL 包装器是用 C++ 实现的，并且依赖于 Rcpp 包，Rcpp 包可以从 CRAN 包仓库中下载。ROpenCL 还不是 CRAN（尽管在本书出版后可能改变）的一部分并且它必须从源文件中安装。你能够直接在你的 R 会话中做这些工作，如下所示：

```
> install.packages("ROpenCL", type="source",
                    repos="http://repos.openanalytics.eu")
```

5.2.1 ROpenCL 编程模型

在本章中我们将利用 ROpenCL API 函数，它们的支持概念以及怎么使用它们都总结在下表中并按顺序显示，它们通常被典型的 OpenCL 程序调用——API 调用的编号序列为 1 到 10，也在本章前面的图中描述。但是，如果你更喜欢首先看看真实的代码，然后向前跳几页到下节可以看到一个简单向量相加的例子，然后再返回到这个表获得使用每个函数的一个详细解释。

ROpenCL API 函数	描　　述
getPlatformIDs() 该函数返回平台 ID 的列表。 platformID 是一个不透明的引用，该引用不能被主机解释	在前一节中，我们已经遇到了 CL API 的等价函数 我们需要一个平台 ID 以便寻找可用的设备。通常，这个函数返回一个只包含一个 platformID 的列表
getDeviceIDs(PlatformID) 该函数返回设备 ID 的列表 DeviceID 是一个不透明的引用，	在前一节中，我们已经遇到了它的 CL API 的等价函数 我们需要设备 ID 来引用 GPU 以便创建一个相关联的环境、命令队列和内存缓冲区，执行我们的核函数

（续）

ROpenCL API 函数	描　述
该引用不能被主机解释	这个调用的 ROpenCL API 变体对设备 ID 的返回列表进行排序，使得 GPU 设备 ID 排在第一 ROpenCL 也提供一个便利函数来测试来自 deviceID 的设备的类型。例如，getDeviceType(DeviceID) GPU 设备返回一个 "GPU" 并为 CPU 设备返回一个 "CPU"
getDeviceInfo(DeviceID) 该函数返回一个命名项目的列表 关于参数的可用命名项信息的完整列表在线上 OpenCL 说明书中，目前为 2.0 版本：http://www.khronos.org/registry/cl/sdk/2.0/docs/man/xhtml/clGet-Device-Info.html	我们已经在前一节中遇到了这个函数的 CL API 等价函数 getDeviceInfo 的 ROpenCL 变体是一个便利函数，它在一个调用中返回关于该设备的所有可用信息。有 70 多个设备信息参数，并且在标准 OpenCL 中，这些参数都必须单独查询 你可以使用 R 的命名项目列表语法访问特定的查询参数。名称匹配等价的 OpdnCL 参数常量。例如，为了确定设备上可用的本地和全局存储器的数量，简单地执行以下函数： dinfo <- getDeviceInfo(　gpuID) locMem <- dinfo$CL_DEVICE_LOCAL_MEM_SIZE gloMem <- dinfo$CL_DEVICE_GLOBAL_MEM_SIZE
deviceSupportsDouble Precision deviceSupportsSingle Precision deviceSupportsHalf Precision(DeviceID,list) 该函数返回 True 或者 False 如果该函数返回 True 并且提供 list 参数，list 是详述设备支持的精度舍入、inf、NaN 等命名项目的集合	ROpenCL 提供了 deviceSupportsPrecision 函数系列使得它在主机代码中可以简单地切换到配置路径中 ROpenCL 编程中一般模型需要调用 getDeviceInfo() 函数来判断设备的能力，以便选择适当的核函数的实现来执行。例如，许多 GPU 的设备不支持双精度浮点，而 CPU 支持。为了使用单精度与双精度，需要使用不用函数参数的类型，因此需要 OpenCL 内核函数的不同实现 可以将一个可选择的空 R 列表传递给这个函数，如果支持这个精度，那么它将用设备信息参数中定义的精度能力来填充，如下所示： CL_DEVICE_[DOUBLE|SINGLE|HALF]_FP_CONFIG 半精度与 16 位浮点运算相一致并且现在只由少数 GPU 设备支持，主要来自 NVIDIA
createContext(DeviceID) 该函数返回 Context（上下文），Context 是不能被主机解释的不透明的引用 createBuffer(Context,Memory Flag, GlobalWorkSizem, RObject)	这个函数创建一个 OpenCL Conrext 类型、一个临时的容器，在某些方面类似于一个 R 会话 Conrext 从一个平台内部建立了一组选定的设备，它们将进行交互操作，在我们的例子中，调用这个函数（主机）的 CPU 和 GPU（根据 DeviceID 确定）以及通过其他的 API 调用，它允许我们将缓冲区关联到管理设备内存和 CommandQueue 以便在设备之间传递信息（从 / 向缓冲器传送数据）和指令（编译的内核） 这个函数在与 Context（与主机上的相反）相关联的设备上创建一个特定的全局内存缓冲区，以便保存 由提供的 RObject 定义的 C 语言类型的数据项的 GlobalWork-Size 数量。如果 RObject 是 integer 类，那么这个函数本身调用

（续）

ROpenCL API 函数	描　述
该函数返回一个缓冲区 该返回值是不能由主机解释的到设备缓冲区的不透明的引用	createbufferintegervector（）；否则，如果 RObject 是 numeric 类，那么该函数将调用 createbufferFloatVector（） 　　Context 是 createContext（）的返回值 　　MemoryFlag 定义如何通过设备读或写访问缓冲区。允许的值是 "CL_MEM_READ_ONLY" 或者 "CL_MEM_WRITE_ONLY" 　　GlobalWorksize 是指在 RObject 内的数据项的总数。例如，如果 RObject 是一个 R 向量，那么设置 GlobalWorksize=length（RObject），虽然如我们稍后将讨论的，对于调用 enqueuen-drange-kernel（）本身，其 GlobalWorksize 参数必须是 LocalWorksize 值的整数倍
createBufferFloatVector（ Context, MemoryFlag, GlobalWorkSize） 该函数返回一个缓冲区	这个函数在设备上创建了一个特殊的全局内存缓冲区来保存 C 语言类型 cl_float（32 位单精度浮点型值）的 GlobalWorkSize 个数据项 　　Context：引用前面代码片段的 createBuffer（） 　　MemoryFlag：引用前面代码片段的 createBuffer（） 　　返回值是设备缓冲区的一个不透明的引用，它不能被主机解释
createBufferInteger Vector（ Context, MemoryFlag, GlobalWorkSize） 该函数返回一个缓冲区	这个函数在设备上创建了一个特殊的全局内存缓冲区来保存 C 语言类型 cl_int（32 位整数值）的 GlobalWorkSize 个数据项 　　Context：引用前面的代码片段的 createBuffer（） 　　MemoryFlag：引用前面的代码片段的 createBuffer（） 　　返回值是设备缓冲区的一个不透明的引用，它不能被主机解释
buildKernel（ Context, KernelSource, KernelName, …） 这个函数返回一个核心 该返回值对于编译的核心是一个不透明的引用，且它不能被主机解释	作为简化，ROpenCL 包的 buildKernel（）函数将 clCreate-Program、clBuildProgram、clCreateKernel 和 clSet-KernelArg 的行为结合在一起。被创建的 program 对象为非暴露的，只有随后的编译核心为暴露的。实际上，它说明为每个核心分别创建了一个 program 对象。整个 OpenCL API 允许任意数量的核心与一个 Program 容器相关联 　　Context 是 createContext（）的返回值 　　这个函数接受了一个 R 字符串，这个字符串包括 OpenCL C 源代码（由 KernelSource 提供），这个源代码定义了一个专用核函数（名字在 KernelName 中声明）并且将它编译为了一个表单，该表单可以在 OpenCL 设备内由计算单元执行 　　这个编译过程与本章前面使用的从 inline 包的 cfunction（）调用的过程类似。然而，核函数的 OpenCL 编译过程是更复杂的，因为它使用了一个特制的 C99 编译器并且不得不把执行代码的生成定向到特定的设备。编译 GPU 代码通常与编译在主机 CPU 上执行的代码完全不同 　　编译核心是一组指令，它们可以由应用于设备的（名义上的分配）部分缓冲区数中的设备中的每个 CU 来执行。对于一个核函数应该怎

（续）

ROpenCL API 函数	描　述
buildKernel(Context, KernelSource, KernelName, …) 这个函数返回一个核心 该返回值对于编译的核心是一个不透明的引用，且它不能被主机解释	样编码有特殊的需求，包括用于引用不同内存区域（全局、局部和私有）中的可用数据的 cl_types 和一个核函数怎样决定它应该在哪个工作项上操作。核函数将在本章节后面详细讨论 　　任何传递给 buildKernel() 的附加 R 参数都会被捕获并作为附加参数传递给核函数（以匹配的顺序），当它在设备上执行时。这些参数将在内部映射到为 OpenCL C 的等效函数，这样可以将整数映射为 cl_int，将数值映射为 cl_float（用 clSetKernelArgFloat），复制所有其他类型的 Robject 并将它们传递给核函数作为（内存指针引用 clSetKernelArgMem） 　　通过运用 enqueueNDRangKernel() 函数将编译核心添加到设备的关联命令队列中可以将它随后传递给设备来执行
createCommandQueue(Context, DeviceID) 该函数返回一个 Queue（队列） 该返回值是一个对 Queue 的不透明引用，它不能被主机解释	命令队列是主机和设备之间传递数据和编译核的机制。在给定的 Context 中，Queue 与一个特定设备相关联一个设备可以有多个活跃的队列。 　　在 ROpenCL 中，队列通常是"按照顺序"创建的，这意味着操作是按照它们应用于队列中的顺序执行的，这些是符合我们的目的的。在完全 OpenCL 中，队列可以不按顺序创建，这意味着该设备可以在队列中用它认为效率最佳的操作自由地执行任何命令
enqueueWriteBuffer(Queue, Buffer, GlobalWorkSize, RObject) 该函数返回 void	从主机的角度来看，这个函数应该在一个内核函数执行之前被调用（即，它应该排在 enqueueNDRangeKernel 之前），以便将给定的 R 对象的输入值复制到引用的设备缓冲区中 　　GlobalWorkSize 定义将要从 R 对象复制到设备缓冲区的数据项的数量，例如对于 R 向量，通常是它的长度。 　　在完全 OpenCL 中，这个函数可以以非阻塞或阻塞方式操作。在 ROpenCL 中，后者的行为是强制执行的，这意味着在函数调用 return 之前，设备将把主机 R 对象读到其缓冲区中 　　从主机的角度来看，调用这个函数对核函数的执行排成 　　Kernel 对数据项的每次执行称为一个 WorkItem 　　Kernel 对数据的核操作使得在前面创建的设备缓冲区变得可用，通过前面的 enqueueWriteBuffer 调用将主机数据复制到缓冲区 　　GlobalWorkSize 参数定义要执行的 Kernel 上的工作 / 数据项的数量（范围）。GlobalWorkSize 可以是标量，在这种情况下，工作项空间仅仅是一维的，也就是说，在 "NDRange" 中 "N" 的值是 1。GlobalWorkSize 也可能是 1、2 或 3 个元素的向量，定义工作项空间范围是一维、两维或三维空间的形式 　　LocalWorkSize 是一个可选参数，如果不设置或者定义为 0，它将由系统自动选择。LocalWorkSize 将 WorkItems 的完全全局范围划分为不同的工作组，每个工作组的数量是 localworksize。

（续）

ROpenCL API 函数	描　述
enqueueNDRangeKernel(Queue, Kernel, GlobalWorkSize, LocalWorkSize) 该函数返回 void	WorkGroup 通过一个设备计算单元执行。一个计算单元可以启动许多的执行线程来最有效地在 WorkGroup 中局部地执行 WorkItems。可以同时在一个计算单元中同时执行的线程（或处理元素）的精确数量是特定于 GPU 设备的体系结构。选择 LocalWorkSize 的最优数量，将在本章进一步讨论 在完全 OpenCL 中，这个函数可以以非阻塞或阻塞方式操作。在 ROpenCL 中，后者的行为被强制执行（主要因为 R 本身基本上是单线程实现），这意味着该设备将在该函数调用 return 之前，在所有工作 / 数据项上执行 Kernel
enqueueReadBuffer(Queue, Buffer, GlobalWorkSize, RObject) 该函数返回 Robject	从主机的角度来看，这个函数应该在一个核函数执行之后被调用（即，它排在 enueueNDRangeKernel 之后），将引用设备缓冲区中的计算值复制到适当的主机 R 对象中——例如，一个预分配大小的向量 GlobalWorkSize 定义从设备缓冲区复制到 R 对象中的数据项的数量，例如，对于一个 R 向量，其长度至少是 GlobalWork-Size 在完全 OpenCL 中，这个函数可以以非阻塞或阻塞方式操作。在 ROpenCL 中，后者的行为被强制执行，这意味着该设备将会在函数调用 return 之前将数据从 Buffer 复制到主机 R 对象
releaseResources(⋯) 该函数返回 void	从主机的角度来看，这个函数应该在所有的 ROpenCL 计算完成之后被调用，以便释放所有底层系统分配的资源 可选参数可以用来定义要释放的资源的子集，而不是所有已分配的资源。例如，以前分配的内存缓冲区可以显式地释放，留下完整的上下文、队列和核心以便重用于进一步的计算

1. 一个简单的向量加法例子

我们将先前表格中描述的 ROpenCL 程序模型应用到一个例子。两个向量的对应元素的加法，$c=a+b$。为了使例子更加有趣，这两个向量将含有超过 1200 百万个元素。看看下面的代码：

```
# First look-up the GPU and create the OpenCL Context
platformIDs <- getPlatformIDs()
gpuID <- getDeviceIDs(platformIDs[[1]])[[1]]
dinfo <- getDeviceInfo(gpuID)
context <- createContext(gpuID)

# Initialise the input data in R on the CPU (Host)
# and pre-allocate the output result
```

```
aVector <- seq(1.0, 12345678.0, by=1.0)    # Long numeric vector
bVector <- seq(12345678.0, 1.0, by=-1.0)   # Same but in reverse
cVector <- rep(0.0, length(aVector))       # Similar result vector

LocalWorkSize = 16  # GPU/kernel dependent (explained later)
# globalWorkSize must be integer multiple of localWorkSize
GlobalWorkSize = ceiling(length(aVector) / LocalWorkSize) *
                        LocalWorkSize

# Allocate the Device's global memory Buffers: 2x input, 1x output
aBuffer <- createBuffer(context,"CL_MEM_READ_ONLY",
                        length(aVector),aVector)
bBuffer <- createBuffer(context,"CL_MEM_READ_ONLY",
                        length(bVector),bVector)
cBuffer <- createBufferFloatVector(context,"CL_MEM_WRITE_ONLY",
                        length(cVector))

# Create the OpenCL C Kernel function to add two vectors
kernelSource <- '
__kernel void vectorAdd(__global float *a, __global float *b,
                        __global float *c, int numDataItems)
{
  int gid = get_global_id(0); // WorkItem index in 1D global range
  if (gid >= numDataItems) return; // Exit fn if beyond data range
  c[gid] = a[gid] + b[gid]; // Perform addition for this WorkItem
}'
vecAddKernel <- buildKernel(context,kernelSource,'vectorAdd',
                        aBuffer,bBuffer,cBuffer,length(aVector))

# Create a device command queue
queue <- createCommandQueue(context,gpuID)
# Prime the two input Buffers
enqueueWriteBuffer(queue,aBuffer,length(aVector),aVector)
enqueueWriteBuffer(queue,bBuffer,length(bVector),bVector)
# Execute the Kernel
enqueueNDRangeKernel(queue,vecAddKernel,
                    GlobalWorkSize,LocalWorkSize)
# Retrieve the calculated result
enqueueReadBuffer(queue,cBuffer,length(cVector),cVector)

# Finish up by relinquishing all the ROpenCL objects we created
releaseResources()
```

如果你运行前面的 R 脚本代码，它在我的 MacBook Pro 设备上花费了不到 1 秒，你会发现在向量 *c* 中每个元素的结果值设置为 12 345 679。如果是这样，祝贺你！你已成功地使用 R 在你系统的图形处理器上执行了数据并行代码！

前面的代码有很多方面需要进一步解释，特别是 GlobalWorkSize 与 Local-WorkSize 和核函数本身的定义、它使用的 get_global_id() 函数，以及它如何利用内存。这些是下一节讨论的主题。

2. 核函数

我们在之前的向量相加例子中使用的核函数具有以下的定义：

```
__kernel void vectorAdd(__global float *a, __global float *b,
                        __global float *c, int numDataItems)
{
// WorkItem index in 1D global range
  1 int gid = get_global_id(0);
// Exit fn if beyond data range
  2 if (gid >= numDataItems) return;
  3 c[gid] = a[gid] + b[gid];
}
```

首先要注意的是对函数签名的 __kernel 限定符的使用。这告诉 OpenCL 编译器专门编译这个函数作为核函数执行设备。

第 1 行

在核函数内部，执行的第一行确定该函数调用要处理哪个全局工作项的集合。调用 get_global_id(0) 在要处理的全局工作项的总数（GlobalWorkSize）中返回该核函数调用的索引。（对于一维，请参阅本章后面的"了解 NDRange"小节。）它有助于将 OpenCL 视为对 vectorAdd() 执行 N 个单独的调用，每个全局工作项都有一个调用。在我们的例子中，N 设置为要添加的向量大小（但向上取整为 LocalWorkSize 的整数倍，请看下面的内容），每个工作项对应于对输入向量（a 和 b）的每个不同元素执行的加法。OpenCL 后台会在设备上执行许多次循环迭代，如下所示：

```
# OpenCL NDRangeKernel pseudo-code device for-loop
for (id in 0:globalWorkSize-1) {
  invokeKernel(get_global_id(0)=id, vectorAdd(a,b,c,length(a)))
}
```

OpenCL 的关键特性是这个概念上的 for 循环并行同时执行所有的迭代。现实是，当然不是那么直接。OpenCL 可能需要计算迭代空间的子集作为并行执行的顺序，以适应可用的设备资源，但有用地，OpenCL 代表我们管理设备利用的许多方面。

GlobalWorkSize 与 LocalWorkSize：现在值得庆幸的是，要求提供给核函数调用的 enqueueNDRangeKernel() 的 GlobalWorkSize 参数是 LocalWorkSize 的整数倍。特别地，在 OpenCL 2.0 下，这个要求比较宽松。然而，现有的 OpenCL 驱动程序实现滞后于最新发布的标准，并且在本书出版后的一段时间内仍将继续使用。当调用 enqueueNDRangeKernel() 中没有明确提供这些值时，其中一些驱动程序实现在计算合适的 Local WorkSize 值时效果很差。因此，最好在你的特定系统上采用防御性编程方法，显式设置 Local WorkSize，并确保 Global WorkSize 是一个准确的整数倍数。实验可能需要为你的特定计算获得最佳性能的 LocalWorkSize 值，因为它取决于在本地和私有内存以及内部存储器的特定功能在设备的内部资源消耗量。一个核函数调用所需的资源越多，一般来说它的 WorkGroup 最佳大小越小，因为较少的资源可用于支持许多单独同时执行的线程。与 CPU 相比，GPU 通常对线程执行的资源有很多限制，反映了它们对于加速图形相关的 SIMD 计算的具体设计偏差。

对于我的 MacBook Pro 设备上的 Intel Iris GPU 设备来说，Local WorkSize 值为 16 似乎更适用于 vectoradd() 核函数。一旦你有一个内置的核函数并且在调用 enqueueNDRangeKernel() 函数之前，那么可以使用 getKernelWorkGroupInfo() 查询 LocalWorkSize 的首选设置，再次说明，它说明了服从系统 OpenCL 驱动程序实现的质量，例如，看看下面的代码：

```
> kinfo <- getKernelWorkGroupInfo(vecAddKernel,deviceID)
> kinfo$CL_KERNEL_PREFERRED_WORK_GROUP_SIZE_MULTIPLE
[1] 16
```

第 2 行

在 vectorAdd() 的第二行，测试分配给此调用的全局索引，以检查它是否超出要处理的工作项目的域（该限制小于 GlobalWorkSize，由 numDataItems 参数单独指定），如果是，则核函数调用立即退出，因为没有工作要做。更重要的是，我们不能尝试访问超过向量 *a*、*b* 和 *c* 结尾的内存，因为这将很可能导致核函数轰炸，我们的 R 会话也可能轰炸。

C 内存地址指针警告

C 对代码中的超出存储器访问错误的容忍程度要小得多，这是因为 C 通过地址指针计算语法访问存储器的固有自由度更容易导致错误。在 GPU 设备环境下运行的核函数中的这些错误非常有可能导致整个系统崩溃，而不发出警告，这甚至可能发生在可能认为是非常稳定的操作系统，包括 OS X !

第 3 行

最后，在 vectorAdd() 的第三行，执行单个向量元素相加语句：$c=a+b$。

内存限定符

4 个不同限定符可以用于核函数参数和变量声明，如下所示：

❏ _global：它向编译器表明，相关联的地址指针指向设备的全局区域中内存（在我们的示例中是 * a、* b 和 * c 内存指针），因此，可同时访问所有设备的计算单元。在某些情况下，如果设备支持，则该限定符还可以指向主机的全局区域中的内存。

❏ _constant：它表示内存将是只读的。也就是说，使用 CL_MEM_READ_ONLY 内存标志（在我们的示例中没有使用）创建相应的 OpenCL Buffer 对象。这样的内存从全局内存中分配，并且可以在一些 GPU 体系结构上赋予性能优点。

❏ __local：它表示引用的内存保存在本地内存中，意味着它只能被特定 Work-Group（在我们的示例中没有使用）中的执行线程访问。

❏ __private：这表示该值保存在私有内存区域中，该区域只能由使用此核函数执行 WorkItem 的特定 CU 线程访问。如果省略了限定符（如我们示例中的 numDataItems），那么这也等同于 _private。

全局内存是访问速度最慢的，本地内存的速度更快，而私有内存是访问速度最快的。在某些系统上，私有内存的访问速度比全局内存快 100 多倍。然而，需要权衡的是，数据仍然必须在存储器子系统之间传送，并且随着访问速度的提高，需要很少的存储器容量。它需要有意义的微芯片空间来实现快速存储器，且生产成本更高。更快的内存应该是为那些计算和重用的数据值所保留。

了解 NDRange

对于给定的工作项，调用 enqueueNDRangeKernel() 将在一个跨设备的计算资源中调用一个特定的核函数。OpenCL 允许我们指定使用 GlobalWorkSize 参数处理工作项的范围有多大。OpenCL 还允许我们最多在三个维度上指定工作项目域，这些维度用来反映 GPU 的图形处理结果。因此，ND 指向 1D、2D 或 3D。OpenCL 进一步将全局工作项空间划分为单独的本地工作组，以便最有效地利用设备的计算资源，并允许我们用 LocalWorkSize 参数可选择地指定本地工作组的大小。

为什么影响本地工作组以及 2D/3D？

在很多情况下，我们不需要关心 OpenCL 如何在较小的本地化工作组中处理核函数的执行。我们的 vectorAdd() 例子也是一个在 1D 中操作的简单的例子。然而，在一个工作组中的核函数执行可以共享它们自己的本地存储器资源，跨一个工作组，也可以执行本地和全局存储器同步点（通过调用 OpenCL 核函数屏障的所有核函数调用，CLK_LOCAL_MEM_FENCE | CLK_GLOBAL_MEM_FENCE），使得更有效地实现某些类型的算法。它也可以更方便地在 2D 工作项空间中实现矩阵乘法，而不是执行将这样的索引映射到 1D 上。

下表中记录的 OpenCL 使用内核，启动全局 / 本地工作项空间的所有方面的函数的范围，在这样的空间下可以在运行时调用内核进行查询，因此对于核函数可以进行回应动态调整自己的行为：

OpenCL 核函数	描　　述
get_work_dim() 其返回 uint 返回值是 C 类型 uint 的整数并在 1~3 的范围内	此函数返回 GlobalWorkSize 的维数，即，将 R 向量中的元素的个数传递给 enqueueNDRangeKernel() 作为这个核函数执行的 GlobalWorkSize 参数 　由于 OpenCL 最大支持三维数组，所以返回的值将是 1、2 或 3 　如果在调用 enqueueNDRangeKernel() 中的 Global-WorkSize 参数值是标量，那么该函数将返回 1

（续）

OpenCL 核函数	描　　述
get_global_id(uint dim) 其返回 size_t 返回值是 C 类型 size_t 的整数并在 0～get_global_size(dim)－1 的范围内	此函数可以单独调用，以返回全局工作空间域的每个可用维度的核函数执行的全局工作项索引。因此，每个核函数调用将具有唯一的全局索引坐标 记住，这是一个 C 函数调用，它只能访问核函数本身，并且 dim 参数的有效值是基于 0～get_work_dim()－1 而不是 R 的 1～get_work_dim() 的索引
get_global_size(uint dim) 其返回 size_t 返回值是 C 类型 size_t=GlobalWorkSize[dim] 的整数	该函数可以单独调用，对于这个内核启用运行 enqueueNDRangeKernel()，并且返回由 GlobalWorkSize 参数定义的全局工作空间维度中的全局工作项的数目 OpenCL 最多支持三维数组，因此 dim 参数的有效值是 0、1 或 2
get_local_id(uint dim) 其返回 size_t 返回的值是 C 类型 size_t 的整数，将在 0～get_local_size(dim)－1 的范围内	可以使用不同的 dim 值（0、1 或 2）单独调用此函数，返回对于每个可用的本地工作组域，它的维度内核执行本地工作项指标 每个核调用仅在它们的特定工作组中有唯一的本地索引坐标
get_local_size(uint dim) 返回 size_t 返回的值是 C 类型 size_t=Local WorkSize[dim] 的整数	可以使用不同的 dim 值（0、1 或 2）单独调用此函数，以返回本地工作组的相应维度中的工作项的总数 返回的值将与 LocalWorkSize(dim+1) enqueue-NDRangeKernel() 参数的值匹配，或者如果未定义它，则将由 OpenCL 框架自动选择
get_group_id(uint dim) 返回 size_t 返回的值是 C 类型 size_t 的整数，将在 0～get_num_groups(dim)－1 的范围内	可以使用不同的 dim 值（0、1 或 2）分别调用此函数，以返回整个工作组集中的本地工作组的相应维度索引 工作组分配由 OpenCL 框架本身决定
get_num_groups(uint dim) 返回 size_t 返回的值是 C 类型 size_t 的整数，并且大于或等于 1	可以使用不同的 dim 值（0、1 或 2）单独调用此函数，以返回相应维度中的工作组的总数 本地工作组的数量由 OpenCL 框架本身确定，但不超过全局工作项的数量

到现在为止，你应该对 OpenCL 的基本概念、ROpenCL 编程模型、如何用 C 编写核函数，以及 OpenCL 框架如何在设备上执行核函数有一个深刻的理解。在本章的剩余部分，我们将探讨一个更复杂的 ROpenCL 示例，它将演示如何处理不适合核心 GPU 内存的数据集，以及如何进一步利用 OpenCL 设备对于 SIMD 向量指令的内部支持加快核函数运行。

5.2.2　距离矩阵示例

在 R 语言中，我们可以计算在 N 个变量的两个观测向量 A 与 B 之间的简单的欧氏距离，两个向量 A 与 B 的计算适用于以下公式：

$$\text{Euclidean distnce} = \sqrt{\sum_{i=1}^{N} (A)[i] - (B)[i]^2}$$

对于使用核心内置函数的 [观测值] * [变量] 的矩阵，使用 dist()。

计算一组观测值的距离矩阵具有时间复杂度 $O(n^2)$ 的计算开销。除此之外，必须为观测值和变量的每个组合计算距离值。

在接下来的 ROpenCL 示例中，我们将看看如何使用 GPU 对最大性能的距离矩阵计算进行编码。首先，我们需要相当多的有趣数据。

1. 复合剥夺指数

在英国，一套标准的政府社会人口由符合剥夺指数（IMD）计算。这个指数可以决定在 1000 到 2000 人之间的地理行政区域的水平，并且利用一系列措施，包括经济的、犯罪的以及健康相关的，对区域由最富有到最贫穷进行排名。总共有大约 32 000 个这样的行政区域，称为**低超输出区**（Lower Super Output Area，LSOA），覆盖了整个英格兰。用作 IMD 基础的这个数据集可从 http://data.gov.uk/dataset/index-of-multiple-deprivation 上 的 Open Data from Data.Gov.UK 获得。我们将使用这个数据集的简化变体（其本身可以从相关联的图书网站下载）生成所有 LSOA 的距离矩阵作为聚类分析的输入，这将使得我们能够将英格兰的区域分成类似的社会人口带。

让我们快速浏览该数据（注意，为简洁起见，输出被修整过）：

```
> filepath <- "./chapter5_IMD_data.csv"
> data <- read.table(file = filepath, header=TRUE, sep=",", row.names=1)
> head(data)
          INCOME.SCORE EMPLOYMENT.SCORE
E01000001         0.01             0.01
E01000002         0.01             0.01
```

```
E01000003          0.07              0.05
E01000004          0.04              0.04
E01000005          0.16              0.07
E01000006          0.12              0.06
> tail(data)
          Skills.Sub.domain.Score IDACI.score IDAOPI.score
E01032477                   10.96        0.07         0.06
E01032478                   48.72        0.20         0.31
E01032479                   16.32        0.09         0.18
E01032480                   14.63        0.11         0.08
E01032481                   23.42        0.19         0.25
E01032482                    2.85        0.03         0.11
> summary(data)
 INCOME.SCORE       EMPLOYMENT.SCORE
 Min.   :0.0000    Min.    :0.0000
 Max.   :0.7700    Max.    :0.7500
 HEALTH.DEPRIVATION.AND.DISABILITY.SCORE
 Min.   :-3.100000
 Max.   : 3.790000
 EDUCATION.SKILLS.AND.TRAINING.SCORE
 Min.   : 0.01
 Max.   :99.34
 BARRIERS.TO.HOUSING.AND.SERVICES.SCORE
 Min.   : 0.34
 Max.   :70.14
 CRIME.AND.DISORDER.SCORE LIVING.ENVIRONMENT.SCORE
 Min.   :-3.280000        Min.    : 0.06
 Max.   : 3.810000        Max.    :92.99
 Indoors.Sub.domain.Score Outdoors.Sub.domain.Score
 Min.   : 0.00            Min.    : 0.00
 Max.   :100.00           Max.    :100.00
 Geographical.Barriers.Sub.domain.Score
 Min.   : 0.00
 Max.   :100.00
 Wider.Barriers.Sub.domain.Score
 Min.   : 0.00
 Max.   :100.00
 Children.Young.People.Sub.domain.Score Skills.Sub.domain.Score
 Min.   : 0.00                          Min.    : 0.00
 Max.   :100.00                         Max.    :100.00
```

```
  IDACI.score      IDAOPI.score
  Min.   :0.0000   Min.    :0.000
  Max.   :0.9900   Max.    :0.980
> length(data) # number of variables
[1] 15
> length(row.names(data)) # number of observations
[1] 32482
```

我们可以注意到，在 IMD 数据集中有 32 482 个观察值和 15 个变量。每个观察值都用在 E01000001 到 E01032482 范围内它的 LSOA 标识符唯一地标记。这些变量涵盖了每个 LSOA 所测量的收入、就业、健康、残疾、教育等。（你可以在 http://data.gov.uk/dataset/index-ofmultiple-deprivation 中找到关于这些度量的更多信息。）摘要显示，尽管每个变量数据值的数值范围不同，但都是在小于 100 的幅度内。虽然我们可以将所有的变量调整为相同的数值域范围内，但是为了我们并行的目的，我们将按原样使用这些数据。

内存需求

当我们使用相当大的数据时，我们需要确保 GPU 上有足够的内存容量。因此，我们需要了解观测变量矩阵的内存要求作为输入，计算距离测量作为输出。

在主机上，观测数据需要每个变量 8 个字节，因为每个值将存储为 64 位双精度浮点。

观测数据（主机）是 8×15×32 482＝3.7MB。

为了能够在 Iris GPU 上保存这些观测数据，需要一半的内存，因为设备只支持 32 位单精度浮点，即 1.85MB。

然而，距离度量是一个不同的故事。我们需要计算（n2/2）－n 的不同结果，我们只需要计算一个三角矩阵作为观测值之间的距离度量，两个观测值之间的距离度量是可交换的，而且我们也可以排除一个观测值与其自身的距离度量。

距离度量（主机）是 8×（（324 822/2－32 482））＝4GB。

为了将所有这些数据保存在 Iris GPU 上作为 32 位单精度浮点，将需要 2GB 的内存，这里我们有一个小问题：我们的 Iris GPU 的全局可用内存最大只有 1.5GB。

为了解决这个问题和教学目的，我们将采用一种核外处理方法与使用 GPU 计算距离度量的方法相结合。

2. GPU 核外存储器处理

GPU 具有大量的存储器空间，足以容纳观测数据（输入）的完整副本，但不足以容纳计算的计算度量（输出）的完整副本。在下面代码块中所采用的方法是将结果的计算分裂为观测值的全局工作空间的子集中，我们称为工作块，其中每个执行的块都需要单独排队的核函数调用。随着要计算的距离度量的数量线性减少，后续工作块将花费更少的时间来执行。对于数据集中的第一个观测值，存在要计算 $N-1$ 个距离度量，这些距离度量对于数据集中的最后一个观测值单调减少到 0。

配置

我们获得 GPU DeviceID 并创建上下文的初始化代码与之前在向量相加示例中使用的初始化代码相同，因此这里省略它们。下面的第一个代码块设置工作空间域并创建输入和输出缓冲区以及距离度量数组索引。我们可以创建后者以便节省核函数内的额外代码行。GPU 核资源有限，所以如果我们能够避免这个问题，我们不要在核函数中包含这样的额外开销。当然，在按需计算值与为重用缓存值之间总是可以兼顾各方。在这种特殊情况下，它是一个边际调用：

```
# distOffset(i,N)
# Function to map an observation sequence index to its resultant
# distance matrix offset. Each observation i will have N-i
# entries, one for each of the remaining observations for which a
# distance measure must be calculated. The distance matrix is a
# triangular array realised as a compact 1D vector.
distOffset <- function(obsIndex,numObs) {
  offset <- numObs*(obsIndex-1) - obsIndex*(obsIndex-1)/2
  return(as.integer(offset))
}

maxWorkSize <- 32482 # total number of observations
LocalWorkSize <- 16
GlobalWorkSize <- 32768 # closest multiple of LocalWorkSize
blockWorkSize <- 2048 # num obs to process per kernel invocation
# distSizeBlock is max num results per invocation (=first block)
distSizeBlock <- distOffset(blockWorkSize+1,maxWorkSize)
# distSizeMax is the maximum extent of the distance results vector
```

```
distSizeMax <- distOffset(maxWorkSize,maxWorkSize)

# Precalculate distance array indices for the kernel function
outIndexes <- integer(maxWorkSize+1)
for (i in 1:maxWorkSize) outIndexes[i] = distOffset(i,maxWorkSize)
outIndexes[maxWorkSize+1] = outIndexes[maxWorkSize]

# Create a 1D vector of observations X variables from the data
dvec <- as.vector(t(data))

# Create the input, distance array offsets and output buffers
# Note that we add an extra element (uninitialised) to dvec to
# support our later use of SIMD vector processing.
inBuffer <- createBuffer(context,"CL_MEM_READ_ONLY",
                         length(dvec)+1,dvec)
indexBuffer <- createBuffer(context,"CL_MEM_READ_ONLY",
                            length(outIndexes),outIndexes)
outBuffer <- createBufferFloatVector(context,"CL_MEM_WRITE_ONLY",
                                     distSizeBlock)
```

核函数 dist1

这里给出了计算距离度量的核函数。对于原始速度，该实现使用 C 语言的指针运算对输入数据进行处理，用 sptr 标记对于这个核调用的起始观测值来计算 aptr 的距离度量，aptr 用于反复遍历起始观测值的变量。bptr 遍历所有剩余的观测值及其变量。optr 遍历由核调用处理的结果块：

```
__kernel void dist1(/*1*/__global const float *input,
 /*2*/__global const int *indexes, /*3*/__global float *output,
 /*4*/int numObs, /*5*/int numVars,
 /*6*/int startObs, /*7*/int stopObs)
{
  // This kernel invocation is assigned the work item offset by
  // the start of the observation window for this block
  int startIndex = get_global_id(0) + startObs;
  if (startIndex >= stopObs) return;
  __global float *sptr = &input[startIndex * numVars]; // startObs
  __global float *aptr;
  __global float *bptr = sptr + numVars; // bptr is startObs+1
  int distIndex = indexes[startIndex] - indexes[startObs];
  __global float *optr = &output[distIndex];

  int obsIndex; int i;
  float sum; float diff;
  // Loop iterates through ALL observations that follow startObs
  for (obsIndex = startIndex+1; obsIndex < numObs; obsIndex++,
       optr++) // on each iter optr advances to next result slot
```

```
  {
    aptr = sptr; // aptr is reset to first variable in startObs
    sum = 0.0;
    // Loop through all variables for this pairing of observations
    for (i = 0; i < numVars; i++, aptr++, bptr++)
    {
      diff = *aptr - *bptr;
      sum += diff * diff;
    }
    *optr = sqrt(sum); // store the calculated result
  }
}
```

工作块控制循环

以下代码的最后部分提供了控制循环，用于处理阻塞子集中数据的观测值，如配置所示，在每个核调用上处理一个 2048 个观测值的滑动窗口，并在每次迭代时，从 GPU 复制结果块用于结果向量中的累积：

```
kernelCode1 <- '__kernel void dist1(...'
kernel <- buildKernel(context,kernelCode1,'dist1',
                      inBuffer,indexBuffer,outBuffer,
                      as.integer(maxWorkSize),as.integer(15),
                      as.integer(0),as.integer(blockWorkSize))
enqueueWriteBuffer(queue,inBuffer,length(dvec),dvec)
enqueueWriteBuffer(queue,indexBuffer,
                   length(outIndexes),outIndexes)
result <- numeric(distSizeMax)

numBlocks <- GlobalWorkSize / blockWorkSize
remainingWork = maxWorkSize
obsIndex <- 1
for (b in 1:numBlocks)
{
    # On last block iteration adjust workSize to what remains
    workSize <- blockWorkSize
    if (remainingWork < workSize) workSize <- remainingWork

    # We use ROpenCL's assignKernelArg() to modify the startObs
    # and stopObs kernel arguments to move the observations
    # window on to the next block of work
    kernelStartObs <- obsIndex-1  # R:1..n maps to C:0..n-1
    kernelStopObs <- kernelStartObs + workSize
    assignKernelArg(kernel,6,as.integer(kernelStartObs))
    assignKernelArg(kernel,7,as.integer(kernelStopObs))

    # block/GlobalWorkSize must be a multiple of LocalWorkSize
```

```
    enqueueNDRangeKernel(queue,kernel,blockWorkSize,LocalWorkSize)

    # Copy the block of results computed into the host's distance
    # measures array +offset for the observations window processed
    distOffset <- outIndexes[obsIndex]
    distSize <- outIndexes[obsIndex + workSize] - distOffset
    enqueueReadBuffer(queue,outBuffer,distSize,result,distOffset)

    # Update observations window and remainingWork for next iter
    obsIndex <- obsIndex + workSize
    remainingWork <- remainingWork - workSize
}
```

在前面的代码中，重要的是突出 R as.integer() 类型转换器的使用来传递数值，核函数将该数值解释为 C 类型 int。很容易尝试将一个数字整数常量传递给一个来自 R 的核函数，使得 R 在后台静静地将它转换为双精度浮点数，并带来不可预测和难以调试的副作用。还有一点值得注意，在为每个块迭代调用 enqueueND-RangeKernel 之前，使用 ROpenCL 包的 assignKernelArg() 函数来更改编译的核的 startObs 和 stopObs 参数的值。

在我的 MacBook Pro 设备上运行这个 GPU 增强 dist1() 函数大约需要 7 秒。相比之下，在我的笔记本电脑上运行 R 的内置 dist() 函数只使用 CPU 大约需要 25 秒来处理相同的观测数据集。总之，我们使用 GPU 提升了性能，但还没有达到我们所期望的那样——令人惊叹的结果。部分问题是主机和 GPU 之间所需数据的额外复制和传输，但是 GPU 编程的一个方面我们还没有利用，而这将有助于加速核函数，即 SIMD 向量处理。

核函数 dist2

下面给出了 GPU dist 核函数的第二个变体，它被重写以使用 OpenCL SIMD 向量运算：

```
__kernel void dist2(/*1*/__global const float *input,
  /*2*/__global const int *indexes, /*3*/__global float *output,
  /*4*/int numObs,   /*5*/int numVars,
  /*6*/int startObs, /*7*/int stopObs)
{
  int startIndex = get_global_id(0) + startObs;
  if (startIndex >= stopObs) return;
  __global float *sptr = &input[startIndex * numVars];
```

```
    __global float *bptr = sptr + numVars;
    int distIndex = indexes[startIndex] - indexes[startObs];
    __global float *optr = &output[distIndex];
    int obsIndex; float sum;
    float16 a, b, d, d2;    // Allocate private SIMD vector registers
    a = vload16(0,sptr);    // Load start obs into SIMD vector16
    for (obsIndex = startIndex+1; obsIndex < numObs;
         obsIndex++, optr++, bptr += numVars)
    {
      b = vload16(0,bptr); // Load next obs into SIMD vector16
      d = a - b;    // fast vector element wise subtraction
      d2 = d * d;   // fast vector element wise multiplication
      // Use vector element accessors to sum first 15 elements only
      sum = d2.s0 + d2.s1 + d2.s2 + d2.s3 + d2.s4 +
            d2.s5 + d2.s6 + d2.s7 + d2.s8 + d2.s9 +
            d2.sA + d2.sB + d2.sC + d2.sD + d2.sE;
      *optr = sqrt(sum);
    }
}
```

为了支持 SIMD 向量处理，OpenCL 编译器接受更广泛的 C 语法，如前面代码突出显示的。我认为值得注意的是，读取结果 C 代码是多么简单和容易（倾向于 R），我们已经能够完全去除内循环并展开求和。

OpenCL 可以支持 2 个、3 个、4 个、8 个和最多 16 个元素的单个向量，这些元素通过指定 C 类型（例如 float）用数值向量宽度来简单定义。float4 类型定义了 4 个浮点数的向量。OpenCL 编译器将把应用于向量的简单数学表达式转换为可在单个处理器周期内对多个值进行操作的 SIMD 指令，这取决于底层计算单元的性能。

OpenCL 提供特殊函数从全局或本地存储器中加载 SIMD 向量和存储 SIMD 向量。我们的 dist2 核函数使用 OpenCL 的 vload() 函数，从全局内存中将一个完整的观测值（16 个浮点数据）传入一个计算单元的私有向量寄存器。向量中有差的前 15 个元素的最终求和说明了使用 OpenCL 向量元素访问器 ".hexadecimal_digit" 语法。我们知道，我们向输入缓冲区添加了一个额外的未使用的元素，这允许我们安全地执行 16 个元素向量操作，而不会在最后一个观测值超过内存边界。

设备执行 SIMD 向量指令的能力可以通过 getDeviceInfo() 查询。就我的 MacBook Pro 设备中的 Iris GPU 而言，将返回以下内容：

```
> dinfo$CL_DEVICE_PREFERRED_VECTOR_WIDTH_FLOAT
[1] 1
> dinfo$CL_DEVICE_NATIVE_VECTOR_WIDTH_FLOAT
[1] 1
```

从表面上看，宽度为 1 的支持向量意味着 SIMD 向量处理将不会给我们带来关于这个设备的任何好处。然而，实际上，使用 dist2 核运行核外 GPU 处理代码达到了 2/3 的性能，所以，至少，由于编译器在优化声明的向量代码方面更加智能，我们现在具有 8x 性能，它优于在主机上运行的 R 的标准核心 dist() 实现。

作为该主题的最后一个词，OpenCL 的许多整洁的特性之一是它对异构计算的支持。我们可以简单地将我们定位的设备更改为主机 CPU 的设备，并比较我们优化的 dist2() 示例在 GPU 和 CPU 之间的运行时。在我的 MacBook Pro 4xCU 主机 CPU 上，我可以实现大约 5 秒的运行时。因此，可以说，不只是一个超级计算机潜伏在我的笔记本电脑中，而是两个：GPU 和 CPU！

5.3　总结

在本章中，我们详细探讨了如何通过使用 ROpenCL 包利用笔记本电脑中 GPU 的性能来代表 R 程序执行计算。同时，你还学习了一些在 C 编程语言中编写高效核函数代码，以及循环展开和小心使用高速内存的知识。

我们注意到，虽然 OpenCL 的目标是异构可移植性，其中相同的代码可以运行在各种设备（包括 CPU 本身）上，但现实情况是，特别是 GPU，代码优化的余地是针对底层设备硬件的特性量身定制的，以提升最大可能的性能。获得核函数的最佳性能是平衡内存访问和利用向量处理，最终性能到底怎么样需要你自己实验。

在下一章中，我们将从本书中探讨的成功并行编程的各种方法中汲取基本教训。我们还将采取更科学的方法来评估和实现最大并行效率。我们将通过窥探未来的技术发展来结束本书，这些技术的发展将大大增加我们可以利用的计算量，包括那些轻易就可以达到的。

并行程序设计的艺术

本章的标题有一些夸张和特别，将"艺术"一词添加到"程序设计"这样的工程学科中可能看起来很奇怪。良好的程序设计体现在良好的设计中，而良好的设计通常表现出一些元素对称性的美，即在抽象的世界中，恢复固有的、简单的识别性——我的意图是捕获哈利波特"黑魔法"的概念：那些危险的地方。本章的标题也可以是"这里，有怪物！"

在并行程序设计世界中有很多因为粗心大意而可能遇到的陷阱，在本章我们将提醒你这些内容：

- ❏ 死锁：消息如何传递，特别是可能导致不可预知结果的程序行为。
- ❏ 数值不稳定性：在并行计算时会产生结果的变动。
- ❏ 随机数：在并行运行时确保每个数据处理器都有自己唯一的随机序列。

在本章中，我们也将讨论加速比（SpeedUp）的概念、阿姆达尔定律（Amdahl's law）的限制，以及如何在不同情况下实现并行效率，包括任务场、网格和 Map-Reduce 环境。我们将通过提取你在之前学习课程中的精华，希望可以让你成为真正的并行程序设计艺术的实践者。最后，我们将看看"德洛丽丝的水晶球"，大规模并行计算在未来对 R 程序设计特别是大数据将产生重大影响。

6.1　理解并行效率

让我们先回到一开始，想想为什么我们会首选写一个并行程序。

简单的答案当然是我们要加快算法，并希望计算的速度远远快于我们简单地利用单线程程序进行串行计算。

在如今的大数据时代，由于单机体系结构难以执行一个具有巨大数据规模的复杂算法，所以当问题是可计算的时候，我们将考虑使用并行程序设计去解决这样的问题。因此，我们必须使用成千上万的计算核心、太字节内存、拍字节的存储器，以及能够应对在约数百万小时计算周期中各个组件不可避免的运行时故障的支持管理基础设施。

利用并行化的另一种情况，最简单的阐述是提高整体吞吐量。可能你正在运行一个模拟程序并估算一个输入数据的宽谱方差。在这种情况下，在一个大规模的 n 台处理器集群中，可以同时执行 n 个不同的计算模拟程序。每个模拟程序是彼此完全独立的，所以对于每个模拟程序运行没有额外的管理和共享状态的开销。这种形式的并行问题通常指的是朴素并行（naïve parallelism），其中工作量简单地分配给相互之间完全独立的处理器代理。

6.1.1　加速比

比较等效的并行程序与串行程序的执行效率是很重要的。最简单的评价指标是加速比，即串行程序执行时间与并行程序执行时间的比值：

$$\text{SpeedUp} = \frac{T_{\text{serial}}}{T_{\text{parallel}}}$$

当我们增加并行程序的数量时，并行程序执行的时间 T_{parallel} 将减少，加速比将提高。假设最优的串行实现等效于在单个处理器上执行的并行实现，在其缩放（即展现完美并行度）时没有开销，则可以将 T_{parallel} 定义为 T_{serial} 的等价除以并行度（N），如下所示：

$$\text{完美并行度：} T_{\text{parallel\_}N} = \frac{T_{\text{parallel\_1}}}{N}$$

通常，我们从一个串行计算和查找的基础上开始通过逐步并行化来提高其性能。目前为止这是一个粗略的简化，对于特定输入的给定算法的执行，有一个非并行组件和一个并行组件，如下所示：

$$总时间：T_{overall\_N} = T_{non\text{-}parallel} + T_{parallel\_N}$$

算法的整体执行时间是非并行组件的执行时间加上并行组件的执行时间。我们可以通过添加更多的并行处理单元来减少并行组件所花费的时间，也就是说，我们可以添加尽可能多的并行处理单元，而整体的执行时间将以非并行组件执行时间为主。

任何可测量的非并行组件的执行时间从根本上限制了算法的整体可扩展性。举个例子，假设当两个组件在单处理器上运行时，非并行组件在并行组件整体执行时间的 10% 后开始运行。假设并行程序部分具有完美执行情况，然后使用 10 个中央处理机重新执行非并行组件将立即使非并行组件的执行时间下降到 53%。增加并行组件到 100 个处理器时速度可能增加 10 倍。然而，由于非并行组件执行时间相对占优势，所以即使有 1000 个或者更多的处理器，整体的执行速度只能提高两倍，无法展现出任何进一步有意义的改进。

6.1.2　阿姆达尔定律

我们可以使用阿姆达尔定律（Amdahl's law）重写前面的加速比公式，它表明 N 个处理器实现的最大加速比，其中算法的可并行比例指定为 P（0～1）。

阿姆达尔定律表示为

$$SpeedUp(N) = \frac{1}{(1-P) + \dfrac{P}{N}}$$

例如，90% 的运行时可以并行化，这将是：

$$SpeedUp(10) = 1/(1-0.9) + 0.9/10 = 5.26$$
$$SpeedUp(100) = 9.17$$
$$SpeedUp(1000) = 1/(1-0.9) + 0.9/1000 = 9.91$$
$$SpeedUp(10000) = 9.99$$

下图描述了一个加速比图，其中算法的并行化为 90%。

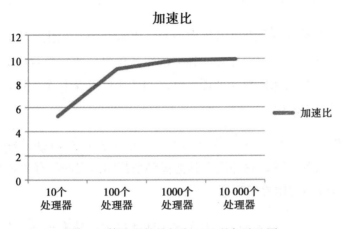

图 6-1 算法组件并行为 90% 的加速比图

正如我们可以看到的，尽管采用了成千上万的处理器，但最大可实现的加速比只能达到 10。

 估计 *P*

有趣的是，重写阿姆达尔定律可以用来估计基于单个并行运行时度量的并行化算法的比例 *P*，如下所示：

$$P_{\mathrm{estimated}} = \frac{\dfrac{1}{\mathrm{SpeedUp}} - 1}{\dfrac{1}{N} - 1}$$

如果把上式应用到例子中，我们有 10 个处理器和一个 5.26 的加速比，则估计 *P* 为 0.898≈0.9。因此，根据单个并行运行时与串行运行时比较，我们可以确定最大可扩展性，而不需要进一步运行（潜在的高成本）更多的并行性来评估执行的效率。

6.1.3 并行或者不并行

重要的是认识到为了达到高扩展性，我们需要尽量减少串行组件与并行算法相结合。阿姆达尔定律表明即使只有 5% 的程序是非并行的，可以实现的最大加速比也只有 20。如果我们只能在并行算法实现中有效地利用其中的一小部分，那么就不值得承担维护数百台处理器的开销。

因此，算法开销是一个重要的考虑因素。更复杂的并行化意味着高的管理开销水平，无论是为每个单独的计算建立独立的输入配置，收集整合生成的结果还是根据其计算本身，都必须保持独立处理元件之间的中间共享状态。这些开销成本也可以组合用于特定算法实现。

Amdahl 的定律与固定的输入规范相关联，并且基于这样的前提：并行组件除了同时执行的 N 个线程之外，它并没有其他优势来帮助给定的具有非并行开销的算法。但在实践中，有许多应用程序不是这样的。

非并行的开销可能不变或由于正在解决问题的大小略有增加。某些并行算法可以实现更高水平的数据详细分析或在同一个时间窗口上运行更大的数据集。所采用的并行系统的规模可能不仅是就计算而言，重要的是，在核心内存和系统资源的其他方面，如通信带宽或本地磁盘存储器，与等效的单处理器顺序执行相比，能够大规模地提高对大型数据集的存储读取能力。这可以导致超线性加速比，其中 N 路并行实现性能比等效的串行实现性能高 N 倍以上。

并行性可以非常有效地应用于那种难以解决的并行问题。一般来说，大多数类型的计算问题可以从并行性中获得一定程度的好处。有些应用程序可能是唯一时间敏感的。例如，考虑分析危重病人的生物影像。绝对效率可以让位于任何水平可获得的加速性能。

查普尔定律

但是，还要注意一句话：必须始终适当考虑构建算法的并行实现所需的时间和精力。这里的查普尔定律（Chapple's law）强调的是如果要执行新的并行代码，则需要努力实现并行代码足够次数来抵消花费在开发它的时间，这样才能体现价值。

$$查普尔定律：(T_{parallel} \times N) + T_{parallel\_algorithm\_development} << T_{serial} \times N$$

实现并行时，有很多事情会影响算法，因此，并行开发与串行开发实现相比，可能需要耗费相当大的精力。

缩放会立即向测试矩阵中添加一个额外的维度。另外，如果你想在实现中使用直接消息传递，那么这个低级编程会有更多出现错误的机会，特别是那些具有时序依赖性的程序，直到它们在特定的并行级别运行时才会显示出来。

还需要考虑并行实现与串行实现产生的结果略有不同或者在计算上的不可重复性。我们将在本章后面探讨这些例子。

应该特别注意的是，由于系统库版本变化或不同底层计算 FPU 硬件的算术行为，串行执行使用与并行执行平台完全分离的机器环境，可能会发生行为上的差异。

当然，如果你计划与那些使用你的并行化算法受益的人分享劳动的成果，那么努力去争取——应该意识到随着核心技术的进步，处理器速度、高速缓存、存储器容量和数据传输带宽等会迅速发展。你为"今天"实现和测试的架构可能会很大程度地改变"明天"。因此，至少要确保并行代码执行是有效率的持续开销。

6.2 数值逼近

问题：在 R 语言中计算 1, 1/2, 1/3 直到 1/500 000 这些连续分数的和会得到什么，让我们看看……

这里有一些简单的代码，它建立分数的向量：

```
v <- 1:500000
for (i in 1:length(v))
{
    v[i] = 1/i
}
> v[1]
[1] 1
> v[2]
[1] 0.5
> v[3]
[1] 0.3333333
> v[500000]
[1] 2e-06
```

现在，让我们明确地计算向量中所有元素的和：

```
suma <- 0.0
for (i in 1:length(v))
{
    suma = suma + v[i]
}
> suma
[1] 13.69958
```

这似乎很好。所以，让我们看看如果把数字反过来相加会发生什么：

```
sumz <- 0.0
for (i in length(v):1)
{
    sumz = sumz + v[i]
}
> sumz
[1] 13.69958
```

很棒，得到了同样的答案。这一切都很好……

事实上，让我们仔细看看：

```
> print(suma,digits=15)
[1] 13.6995800423056
> print(sumz,digits=15)
[1] 13.6995800423055
```

这里还看不出任何问题？

如果我们尝试计算到 1/5 000 000 会发生什么？看一看吧。

```
> print(suma,digits=15)
[1] 16.0021642352986
> print(sumz,digits=15)
[1] 16.0021642353001
```

现在，我们发现两种计算和的方式从第 10 位小数的地方产生了不同的结果！

因此，问题的答案是：它取决于你把数字相加的顺序。嗯，也许这不是你所期望的。

怎么了？当然，一定有什么不对。结果为何不同，又是如何不断变差？

嗯，这一切都归结于浮点数的数值精度在数学运算之间传递的累积误差。例如，1/3 当然不能用任何形式的浮点精度精确表示，其他一些分数也是这样。计算机的存储器是有容量限制的，因此要表示这样的数量必须进行近似。因此，对这样的数进行算术运算也是近似的，并且根据正在进行的数字组合运算差异而变化。因此，即使对相同的数字集合进行计算，进行近似算术计算的顺序不同意味着不同的运算误差值，因此会产生稍微不同的近似运算结果。

这一执行结果的观察对于比较并行执行与串行执行的结果或者并行 N 个处理器与 $N+1$ 个处理器执行结果的正确性具有重要意义。如果以不同的顺序呈现和处理这样的数字数据，并且通常导致这种情况发生，则结果可能不同。随着我们增加所涉及的数值数据的量，误差可能增加，并且结果的差异将进一步增大。

整数也会犯错误

我们不只是必须关注近似表示的非整数数字，也有准确表示整数的问题。当实现并行运行的数据集规模远大串行运行的数据集规模时，我们需要更加意识到数值表示的界限。32 位有符号整数（R 的本征整数类型是 32 位有符号整数）可以表示的上限值是 2 147 483 647。让我们看看跟踪它处理所有数据项的算法过程。当串行运行时，数据项的数量永远不会期望达到这样的整数极限，但是当运行算法的并行版本时，这样的假设可能不再适用。虽然 R 可以自动执行从一个整数到双精度的转换，其中双精度通常采用 64 位表示，但是当使用 C / C++ 或 Fortran 构建的 R 添加包时，这样的值表示更加硬连接的。因此，当通过添加包的函数接口来回传递值的时候，你必须要注意数据是如何被截断或者被缺失掉的。

即使当利用 64 位双精度运算时，运算溢出也会在程序中造成荒谬的输出和难以确定的错误异常。更糟的是，它们甚至可能被忽视。

当然，对于某些应用程序，如模拟或近似最优解搜索，任何情况下都是近似的，因此这可能不是问题。另一方面，最极端的算法可以是数据选择排序或更精确的数据表示与精确的非浮点运算单元计算，然而这两种方法将产生显著的开销，可能会否定一些并行化的基本理论。

最终，我们必须实现的是，数值结果只有在我们选择使用的数字机器表示的约束内才是准确的。当运行串行代码时，人们经常忽略这个方面，因为这样的代码对于给定的输入总是产生相同的结果。然而，运行并行代码会带一些问题，即使以相同的并行度在相同输入上重复执行相同的并行代码，也可能产生与先前执行稍有不同的结果，特别是在代码可能涉及用于消息交换的时变通信时。这些效应难以预测，并且在本质上是随机的。而且，亲爱的读者，是该完美地进入下一个主题了——随机数。

6.3　随机数

随机数在并行程序中具有新的意义，因为通常你希望在一组协作并行进程中使用不同的随机数序列。模拟和最佳搜索类型工作负荷是最好的例子。

尽管加密不是非常安全，但默认的随机数生成器**梅森旋转算法**（Mersenne Twister），通常认为是一个质量好的伪随机数生成器。

 梅森旋转算法（Mersenne Twister）

为了更好地了解随机数生成器（Random Number Generator，RNG）**梅森旋转算法**，你可以参考：

https://en.wikipedia.org/wiki/Mersenne_Twister

http://www.math.sci.hiroshima-u.ac.jp/~m-mat/MT/emt.html

当然，你可以从内置集合中选择备用生成器，或者使用 R random 添加包函数 RNGKind()。

R 本身一直是单线程实现，而不是在它自己的语言原语中使用并行性。它依赖于专门实现的外部添加包库来实现某些加速功能并允许使用并行处理框架。正如我们讨论的，这些并行框架的一般实现是基于**单程序多数据**（SPMD），意味着一个程序的可执行文件或计算指令的序列可以在多个并行进程中复制，但每个进程维护其自己的独立状态，即它具有独立的内存用于其 R 对象和变量。

如果我们在每个并行进程上要求一个随机数，那么所有进程将返回相同的随机数序列。我们需要做的是为每个并行进程显式地设置不同的种子值。

根据所使用的并行性类型，我们可以选择从主进程生成唯一种子的序列，并将下一个未使用的种子作为并行任务描述的一部分传递给下一个空闲工作者以执行任务。

这里是一个例子：

```
# master process initializes a set of ten random numbers
# between 1 and 10 to distribute to workers
x_real <- runif(10,1.0,10.0)    # 1.0 < x < 10.0
x_integer <- sample(1:10,10)    # 1 <= x <= 10
```

我们可以使用进程的唯一标识符，或者在任务数量超过并行进程的地方，将唯一的任务号作为种子的一部分。你可以借助当前的时钟时间（以毫秒计）来帮助产生随机数生成器种子：将其与先前所有列出的选项结合在一起来产生一个适用于你所选择的 RNG 的与众不同的随机数种子。

```
# worker processes each set their own unique seed based
# on their process id and seconds time in milliseconds accuracy
# and (if applicable) the unique id for the task itself
task <- getNextTask()    # illustrative pseudocode call
seed <- Sys.getpid() * as.numeric(format(Sys.time(),"%OS6"))
set.seed(seed * getTaskId(task))
```

关键需求是它必须是并行进程本身，该进程用它唯一的种子值调用 Set Seed()，并且对于每个并行任务这是可以实现的，因为你不应该假设给每个进程分配相同的任务集合来顺序处理，因为可能产生自适应负载平衡任务场。

MPI 随机数

如果你使用 pdbR MPI，那么这个添加包提供了一个在并行进程中创建独立随机数流的简单机制。

```
library(pbdMPI, quiet = TRUE)
init()
comm.set.seed(diff=TRUE)
x_real <- runif(1,1.0,10.0)
```

这个函数也可以在所有并行进程中创建一个相同的随机数流，应该通过用 diff=false 参数来调用该进程。

多随机数的生成可以使用在 https://cran.r-project.org/web/packages/ rlecuyer/index.html 中的 rlecuyer 添加包。

无论你使用什么样的方案来设置随机种子，重要的是要记录每个并行进程使用的种子值。如果没有做到这一点，当你想要复制生成的结果或触发相同的计算行为以及跟踪一个程序错误时，你将无法将种子再次设置为与之前相同的值。同样重要的是，你可能会在代码中使用其他 R 添加包中的函数，它们本身会使用标准随机数流。

6.4 死锁

死锁是影响基于显式消息传递的并行代码的经典问题。当执行的进程或线程等待接收未发送的消息或者发送消息时预期的接收者没有侦听且永远不会接收消息时，会出现这种情况。

在计算中，死锁这个概念起源于多个代理对具有互斥访问限制的共享资源的访问这样的情景。例如，存储一个值的存储器部分需要经过锁定机制来进行更新，锁定机制要求在一个时间内只能一个代理具有对资源的访问权限。比如，想象从多个 ATM 机同时对一个共享银行账户进行访问。这种情况下，如果先前代理没有释放对该账户的锁定，则其他代理不能对锁定的账户进行访问，需要进行排队等待。

典型的死锁情况是，代理 A 已经访问资源 1，B 已经访问资源 2，代理 A 正在等待访问资源 2（B 现在独占），同样，代理 B 正在等待访问资源 1（A 现在独占）。任何代理都不能继续，因此已经产生死锁。

使用 MPI 进程之间的阻塞通信构造死锁示例很简单。从以下 pbdR 示例中删除 init() 和 finalize() 函数，它简单地将 MPI 进程的排名标识传递给其下一个数字排名更高的近邻。也就是说，从前辈到后继，从最后一个进程到第一个进程的循环。看看下面的代码：

```
r <- .comm.rank
succ <- (r + 1) %% .comm.size
pred <- (r - 1) %% .comm.size
v <- 1:1000    # dimension vector v
v[1] <- r      # set first element to my MPI communicator rank
w <- 1:1000    # receive into vector w
send(v,rank.dest=succ)      # Send v to my next in rank
recv(w,rank.source=pred)    # Recv w from my previous in rank
comm.print(sprintf("%d received message from
%d",r,w[1]),all.rank=TRUE)
```

你可以用两个或者你想要的更多进程来运行这个例子，它会发生死锁。所有的进程将会卡在它们的发送调用（send）上。要避免这种情况！

究竟什么导致发生这种情况，取决于 MPI 的实现行为。我们在这个例子中使用了阻塞发送和接收，因此你可能想知道当没有事先匹配的接收时应该如何发送数据。MPI 有精细的设计来提升性能。

在 MPI 中，可以通过向指定的接收器分派消息并保存在 MPI 通信子系统内的发送者或预期接收者直到执行匹配的接收来实现阻塞发送。事实上，这种行为模式是 MPI 标准的一部分。阻塞发送只定义为阻塞，意思是系统不会从阻塞发送返回任何控制，直到它可以自由地使程序重用发送缓冲区或 R 对象。也就是说，程序可以自由地改变其内容或状态。在这个意义上，数据可以认为是已发送但尚未接收到。然而，这种行为当然取决于是否有足够的存储器资源来临时缓存所发送消息的副本（等待匹配接收），从而释放 R 程序级发送缓冲区。

在我自己的笔记本电脑上，如果我现在将向量的最大容量设置为 10 000（你自己的截止值可能会有所不同），那么 MPI 子系统的内部缓存是不足的，并且它将无法维护所发送数据的不同高速缓存副本。随后的 MPI 发送调用将无限期地阻塞，因为它需要调用匹配的接收调用，以及足够分配的缓冲区存储器，以使得大于数据的高速缓存传输发生。因为所有进程都执行发送没有匹配接收，所以将导致死锁。

测试、测试、测试！

正如我们所指出的，至关重要的是不要假设 MPI 系统是如何实现的，或者这样的实现可能执行或可能不执行抢占式部分消息传递。这种类型的实现行为是为什么要成规模的测试你的代码的另一个重要原因，成规模的测试是指除了改变并行的数量规模外，还需要改变数据量的规模。从最小限度上而言，我发现最好是测试 1 到 9 个进程来涵盖较低数目的进程数量，包括平凡的单处理器情况，素数、平方数和矩形数等数量的进程，这通常能够测试到各种边际的通信模式情况。对于基于 2D 网格的并行性，将在 25 个进程中进行测试。需要注意的是，对于 MPI，即使只有一个核心机器，你也可以创建尽可能多的进程（在系统内存限制内），当然这时代码将运行缓慢，但这有助于暴露时间窗口依赖行为，因为进程计数超过核心计数意味着进程不能同时实时进行所有的执行。

避免死锁

有 3 个简单的死锁示例代码的重写方法可以确保无论多少数据交换也不会导致死锁。首先，我们可以确保只有一些进程发送消息，而其他进程接收。以下代码片段确保偶数排名的进程发送消息，而奇数排名的进程接收消息，然后转换为为奇数排名的进程发送消息，偶数排名的进程接收消息。

```
if (r %% 2 == 0) { # even
  send(v,rank.dest=succ)
  w <- recv(w,rank.source = pred)
} else { # odd
  w <- recv(w,rank.source = pred)
  send(v,rank.dest = succ)
}
```

或者，我们可以利用 pbdR MPI 的非阻塞 iSend 方法，这样所有进程处理直接变为接收而不是等待发送。注意，为了执行和良好实现，我们还在接收之后等待发送请求（数字 1），以确保发送完成。但在这个例子中，它不是严格必需的。看看下面：

```
isend(v,rank,dest=succ,request=1)# Send non-blocking
w <- recv(w,rank,source=pred)      # Recv blocks
wait(request=1)# Wait for nb-send to complete (it must have)
```

Finally, we can also use MPI's higher-level combined SendRecv function thus:

```
sendrecv(v, x.buffer=w, rank.dest=succ, rank.source=pred)
```

你选择的确切形式取决于算法的性质。当每个进程在近锁定步骤中执行相同的程序序列时，如果你想接收你发送的同一个对象中的新内容，那么 `SendRecv` 或者 `SendRecvReplace` 是一个不错的选择。当每个进程与可变工作松散耦合以进行处理时，非阻塞通信模式可以更有效率，但是具有额外的代码开销以管理未完成的通信。当需要执行更复杂但规则化的通信模式，且均匀分配处理负载时，则可以选择带有特定顺序的 `send` 函数和相匹配的 `recv` 函数。

6.5　减少并行开销

每个并行算法都有自己的开销，特别是在并行的设置、在一组处理器之间分配工作以及分解编译自该组处理器的聚合结果时。

为了获得关于如何减少这些开销的处理，让我们先来看看结果聚合的过程。

下图显示了一个非常典型的利用 15 个独立工作节点的 Master-Worker 任务场样式的方法。在这种情况下，Worker 承担的每个单独的任务有助于总体结果。

每个 Worker 将其生成的部分结果传送回 Master，然后 Master 处理所有部分结果以产生最终的累加结果。

我们还要考虑每个 Worker 任务花费相同的计算量，因此，每个 Worker 在大约相同的时刻完成其任务。

从图 6-2 中不难看出，来自每个 Worker 对 Master 同时发起的服务结果信息可能会引起最大的通信竞争情况。Master 还必须处理 N 个部分结果以产生最终的组合结果。对于某些算法，该最终步骤本身可能需要重点计算。

如果 Worker 正在进行的任务是完全独立的，也就是说，Worker 在执行任务时不需要彼此通信，并且有足够多的任务或持续的任务流执行。有多个导致任务多于 Worker 的因素，即建立和拆除的开销可以由 Master 有效地摊销，确保它立即向 Worker 发出新的任务，并且 Worker 返回先前任务的结果。然后可以调整 Worker 任务的大小和数量，使系统可以建立有效状态，由此几乎没有等待时间，并且所有处理器实现接近 100% 的利用率。

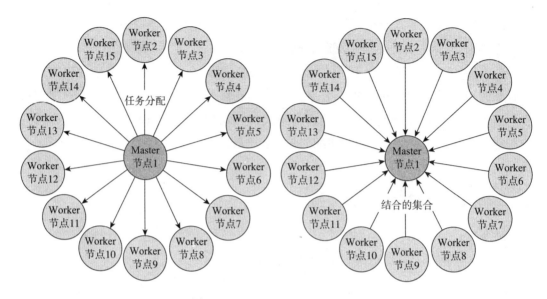

图 6-2　Master-Worker 花形布局

然而，对于那些不适合这样处理的问题，例如所有的处理器同步或者异步的介入彼此的任务的情况下，就需要不同的方法。

图 6-3 显示了作为二叉树结构重新排列的 Master 执行结果和 Worker 执行结果的通信。这里，我们能够在 Worker 之间传播部分结果的计算，而不是依靠 Master 来执行所有的结果聚合。

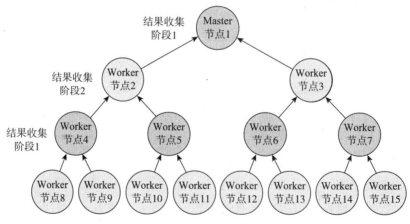

图 6-3　Master-Worker 树形布局

结果聚合的过程从底层的 Worker 节点对开始，如 8 和 9、10 和 11 等，将它们的部分结果发送到指定为父节点的单个节点，例如 Worker 节点 4～7，然后聚合它们在阶段 1 中接收的结果。它们将部分聚合结果馈送给阶段 2 的 Worker 节点 2 和 3，最终，Master 节点在阶段 3 接收进一步的部分聚合结果。在该树形排列中，Master 仅具有两组要处理的结果，而不是如前面花形排列中的全部 15 个。

如果我们假设结果处理的所有其他方面都是相等的，那么我们就可以将花形排列的结果聚集开销 $O(N)$ 减少为 $O(\log 2N)$ 的树形排列开销，其中 N 是处理器的数量。如图 6-4 所示。

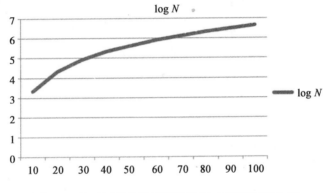

图 6-4　基于树形的结果聚集为 $\log N$ 的时间复杂度

我们所做的是通过构建一个适用于广义任务场以及 Map/Reduce 背景的更复杂的多级实现来并行化结果。我们不应该忘记 Chapple 定律，这是一个重大的改进，但随着我们使用更高阶的并行性，这种特殊的 $O(\log 2N)$ 方法变得更有效并最小化开销成本。

树方法也可以应用于初始任务分配过程。输入数据可能需要预处理以将其分割为较小的任务（Map）。与聚合操作（Reduce）相比，这种努力可以在反向流中的树排列上扩展。

当然，通信的频率和大小也影响并行开销。可以通过对输入数据在其消耗的点本地化来最小化数据传输成本。甚至可以在处理节点的本地存储器中保持一些级别的重复或重叠数据是值得的，这样可以减少在并行算法的执行期间所需的通信数量。在大多数形式的通信中，两个端点在数据交换的持续时间内被绑定。在某些情况下，甚至交换压缩数据并使用处理器周期来压缩 / 解压缩消息以便最小化传送的持续时间也是值得的。

6.6　自适应负载均衡

在此之前，我们注意到创建均衡的工作负载是多么重要，那里每个任务计算的时间是相等的。

6.6.1　任务场

当有比 Worker 更多可用的任务并且每个任务是真正独立时，一个任务场是一个简单的并行处理方案，该方案通过 Master 将下一个可用的任务提供给下一个自由的 Worker 确保 Worker 的利用率是 100%，如图 6-5 所示。

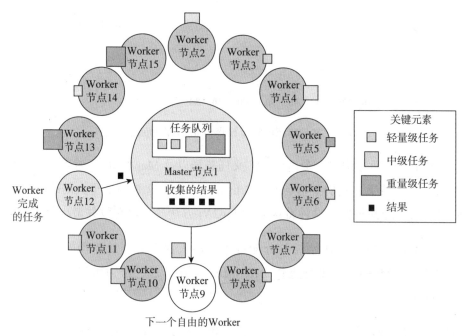

图 6-5　具有混合独立变量计算任务的任务场

在这种情况下，每个任务随它需要的计算量变化并不重要，因为（至少）在计算阶段没有任务间依赖。

6.6.2　有效的网格处理

当 Worker 必须在它们的任务执行期间合作时，则 Worker 之间的工作量变化可能导致差的利用率，有些 Worker 不得不在它们任务的执行期间等待其他 Worker 完成中间的处理步骤。

作为一个例子，让我们来看看图像处理，特别是边缘检测。我们有一个 5×5 处理器的网格，每个处理器工作在一个大的 10k×10k 像素图像的一个单独的子区域内，而 25 个处理器中的每一个处理 2k×2k 像素层。边缘检测算法的性质是，它的时间复杂度是图像中边数的函数。并行边缘检测算法还需要对处理节点的 8 个空间邻居之间的派生数据进行周期性的边界交换。让我们考虑处理一个整体边缘为非均匀分布密度的图像，事实上，在图形的小的子区域上密度可以变化很大。观察下面生成的分形图像，在图像内的不同区域边缘复杂性变化巨大，如图 6-6 所示。

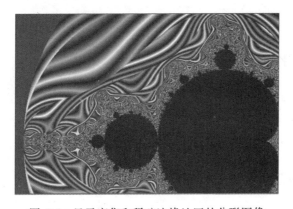

图 6-6　显示密集和稀疏边缘地区的分形图像

我们还假设边缘检测的第一阶段执行逐像素分析，具有相同的时间复杂度而不考虑瓦片边缘密度，并且能够估计边缘过渡的数量。由此，我们可以创建单个瓦片集合后续处理的成本分布图，如图 6-7 所示。

我们可以使用成本分布来确定将实现的利用率水平，这将在整个处理器网格中实现，关键是它是否更优于采用单个瓦片并使用全网格插入一个额外任务来处理，这样在完成较大规模全尺寸 2k×2k 瓦片图像处理前，每个处理器将处理一个 400×400 像素。

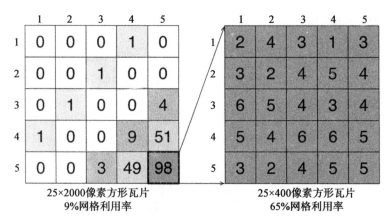

图 6-7　图像瓦片边缘处理的成本示例

在图 6-7 给出的示例中，将显示完整的图像成本分布（左）和扩展的底部角落瓦片（右）。处理器网格对稠密的角落层的单独处理可以更好地综合、有效地利用并行机制。

6.6.3　成功并行化的 3 个步骤

以下 3 步的目的是帮助你决定什么并行形式可能是最适合你的特定算法 / 问题，并总结了在本书中所学到的东西。必然地，它具有一定的概括性，因此，应用这些准则时要进行必要的思考。

1）确定可能最适合应用于你的算法的并行类型。

你正在解决的问题是计算绑定还是数据绑定？如果是前者，你的问题可以通过 GPU（参阅 5.1 节）解决。如果是后者，那么你的问题可能更适合于基于集群的计算（参见第 1 章）。如果你的问题需要一个复杂的处理链，那么可以考虑使用的火花框架。

在所有的过程中，可以将问题数据 / 空间划分，以便在所有处理器上实现均衡的工作量，或者你需要使用自适应负载均衡方案（例如，一个基于任务场的方法）吗？

你的问题 / 算法自然地划分空间吗？如果是，考虑是否可以使用基于网格的并行方法（参见第 3 章）。

也许你的问题是一个特大数量级的？如果是这样，也许开发基于消息传递的代码，并在超级计算机上运行它（参见第 4 章）。

任务之间是否有一个隐含的顺序依赖关系？进程在计算过程中需要合作和共享数据吗？每一个单独分开的任务可以完全彼此独立地执行吗？

一个大比例的并行算法通常有工作分配阶段、并行计算阶段和结果聚合阶段。为了降低启动和关闭阶段的开销，考虑基于树的方法分配工作和聚合结果是否适合你的情况。

2）确保你算法中的计算基础有最佳的实现。

在串行中配置你的代码以确定是否有任何瓶颈，并针对这些进行改进。

有你可以直接使用或采用的类似于你算法的现有算法吗？

在 `https://cran.r-project.org/web/views/highperformancecomputing` 上查看 CRAN 任务视图：R 的高性能和并行计算。

特别是，查看小节并行计算：应用程序，图 6-8 是写作本书时看到的一个快照：

3）测试和评估你实现的并行效率。

使用本章前面提及的 Amdahl 定律的 $P_{estimated}$ 预测你可以实现的可扩展性水平。

在不同数量的并行性上测试你的算法，特别是触发边缘情况行为的奇数。别忘了用一个进程运行。用多个进程而不是处理器运行将触发潜在的死锁 / 竞争条件（这是最适用于消息传递实现）。

在可能的情况下，为了减少开销，确保你的部署方法 / 初始化将被消耗的数据本地到每个并行处理进程中。

6.6.4 未来将会怎样

显然，最后一节考虑"看水晶球"的风险，并判定其错误性。然而，有许多清楚的方向，在这些方向中我们看出硬件和软件是如何发展的，弄清楚并行程序将起到更重要的作用，在我们未来计算中的作用也会增加。除此之外，为确保个人和集体信息安全，在短的时间窗口内处理大量信息发挥着至关重要的作用。例如，我们正在经历的气候变化和极端天气事件显著增加，因此需要越来越多精确的天气预测来帮助我们应对这些，这只可能是高效的并行算法才会做到的。

并行计算：应用

- The caret package by Kuhn can use various frameworks (MPI, NWS etc) to parallelized cross-validation and bootstrap characterizations of predictive models.
- The maanova package on Bioconductor by Wu can use snow and Rmpi for the analysis of micro-array experiments.
- The pvclust package by Suzuki and Shimodaira can use snow and Rmpi for hierarchical clustering via multiscale bootstraps.
- The tm package by Feinerer can use snow and Rmpi for parallelized text mining.
- The varSelRF package by Diaz-Uriarte can use snow and Rmpi for parallelized use of variable selection via random forests.
- The bcp package by Erdman and Emerson for the Bayesian analysis of change points can use foreach for parallelized operations.
- The multtest package by Pollard et al. on Bioconductor can use snow, Rmpi or rpvm for resampling-based testing of multiple hypothesis.
- The GAMBoost package by Binder for glm and gam model fitting via boosting using b-splines, the Geneland package by Estoup, Guillot and Santos for structure detection from multilocus genetic data, the Matching package by Sekhon for multivariate and propensity score matching, the STAR package by Pouzat for spike train analysis, the bnlearn package by Scutari for bayesian network structure learning, the latentnet package by Krivitsky and Handcock for latent position and cluster models, the lga package by Harrington for linear grouping analysis, the peperr package by Porzelius and Binder for parallised estimation of prediction error, the orloca package by Fernandez-Palacin and Munoz-Marquez for operations research locational analysis, the rgenoud package by Mebane and Sekhon for genetic optimization using derivatives the affyPara package by Schmidberger, Vicedo and Mansmann for parallel normalization of Affymetrix microarrays, and the puma package by Pearson et al. which propagates uncertainty into standard microarray analyses such as differential expression all can use snow for parallelized operations using either one of the MPI, PVM, NWS or socket protocols supported by snow.
- The bugsparallel package uses Rmpi for distributed computing of multiple MCMC chains using WinBUGS.
- The partDSA package uses nws for generating a piecewise constant estimation list of increasingly complex predictors based on an intensive and comprehensive search over the entire covariate space.
- The dclone package provides a global optimization approach and a variant of simulated annealing which exploits Bayesian MCMC tools to get MLE point estimates and standard errors using low level functions for implementing maximum likelihood estimating procedures for complex models using data cloning and Bayesian Markov chain Monte Carlo methods with support for JAGS, WinBUGS and OpenBUGS; parallel computing is supported via the snow package.
- The pmclust package utilizes unsupervised model-based clustering for high dimensional (ultra) large data. The package uses pbdMPI to perform a parallel version of the EM algorithm for finite mixture Gaussian models.
- The harvestr package provides helper functions for (reproducible) simulations.
- Nowadays, many packages can use the facilities offered by the **parallel** package. One example is pls, another is PGICA which can run ICA analysis in parallel on SGE or multicore platforms.

图 6-8　可以在你程序中使用的 CRAN 并行添加包

为了预测未来，我们需要回首过去。可以用来并行计算的硬件技术在许多年中以惊人的速度发展。从近年来的发展来说，这种发展程度在今天可以通过单片机设计来实现是让人大跌眼镜的。

HPC 的历史

作为一个很好的计算能力发展的信息回顾路线图，建议你访问以下网页：

http://pages.experts-exchange.com/processing-power-compared/。

它很好地展示了这样的问题，例如 2010 年发布的 iPhone 4 是如何与 1985 年具有每秒 10^9 次浮点运算的 Cray 2 超级计算机表现近乎相当的；2015 年发布的苹果手表如何大概具有 iPhone 4 和 Cray 2 性能的两倍！

虽然芯片制造商已经设法保护著名的摩尔定律，该定律预测的晶体管数量每两年增加一倍，但在单个芯片中有大约 100 个复杂的处理核心，如今在芯片制造中是 14 纳米（nm）。2015 年 7 月，IBM 宣布原型芯片为 7nm（宽度是人头发的万分之一）。有些科学家表明量子隧穿效应将在 5nm 处产生影响（Intel 预期在 2020 年走向市场），尽管有些研究人员已经说明在实验室中像石墨烯这样的材料单个晶体结构仅是 1nm 那么小，但相比于如今的芯片大小，在一个芯片包中放置 1000 个独立的高性能计算核心和足够数量的高速缓存，在未来 10 年中是有可能的。

NIVIDA 和 Intel 可以说在世界上最快的超级计算机中，在专用 HPC 芯片与各自产品的使用上是处于前沿水平的，这在你的计算机桌面上就会看到。NIVIDA 生产的 Tesla，它利用 4992 核（双处理器）和 24GB 板载内存，K80 GPu 加速器可使用峰值为 1.87 双精度浮点和 5.6 单精度浮点。Intel 制造 Xeon Phi，它是许多具有集成内核（MIC）体系结构的处理器家族的品牌名称。将在 2016 年发布的 Knights Landing 是一个崭新的、利用 72 核（单处理器）和 16 GB 的高度集成芯片上的快速存储器，预期达到 3×10^{12} 次浮点数运算速度和 6×10^{12} 次度单精度浮点运算速度。

这些芯片的继任者，即 NVIDIA 称之为 Volta，英特尔称之为 Knights，在 2018 年将是下一代美国 2 亿美元超级计算机的基础，达到约 $150 \times 10^{12} \sim 300 \times 10^{12}$ 次浮点数运算的峰值性能（约为 15 亿个 iPhone 4s 手机），中国的 TIANHE-2，具有来自 310 万核大约 50 千亿次的最佳性能，2015 年它是世界上最快的计算机。

在另一个极端，体积较小和不是那么昂贵的移动设备中，尽管也有 ARM 的 8 核大 LITTLE 处理器，但是现在最常用的还是 2~4 核的处理器。然而，处理器的核数还在增加，联发科技的新发布的 MT6797 有 10 个核，它为下一代移动电话而设计，划分为一对和两组 4 核的具有不同时钟速度和频率的处理器。因此，高端移动设备展现出一个具有混合动力核心的异构体系结构，具有单独的传感器芯片，GPU 以及把工作的不同部分分配给最有效率部件的数字信号处理器。手机越来越多的成为通信中心和其他附件设备的信号处理的门户设备，例如生物可穿戴设备和迅速增长的超低功率（物联网）传感设备，使我们当地环境的方方面面变得更快捷。

当我们寻求利用移动设备的分布式计算能力时，在移动设备上运行 R 的时刻就离我们不远了。仅在 2014 年，大约 12.5 亿个智能手机被出售。它们在一起是超级巨大的计算能力，可能远远超过任何星球上的或现有的或计划的超级计算机。

软件使我们能够利用并行系统，像我们指出的越来越多的异质性将会继续发展。在本书中，我们研究了如何利用来自 R 的 OpenCL 来获得 GPU 和 CPU 的访问权限，使它在两个组件之间进行混合计算并利用某些处理类型的每一个特定优势。事实上，另一个相关的主动性、**异构系统架构（HSA）**，在未来几年，使得即使较低的访问处理器的能力可能很好的获得牵引力，并有助于促进 OpenCL 和同行程序的摄取。

异构系统架构基金会

异构系统架构（HSA）基金会是由一个由 AMD、ARM、Imagination、联发科技、高通、三星和德州仪器领导的跨行业集团。其既定的目标是帮助支持开发下述应用：通过高带宽共享内存访问，把在 CPU 上的标量运算、在 GPU 上的并行处理以及在 DSP 的优化处理的无缝结合，从而在低能耗设备上获得极大的应用性能。

为了实现这一目标，通过使用 CPU、GPU、DSP 等可编程和固定功能设备，HSA 基金会定义了并行计算的关键接口，从而支持一组不同的高级编程语言和创建下一代通用计算。你可以在以下链接找到最近发布的 HSA1.0 版本的规范：

http://www.hsafoundation.com/html/HSA_Library.htm

6.6.5　混合并行性

作为一个最后总结，我将会展示如何进一步克服一些 R 单线程固有的弱点，并证明一个混合并行方法，这个方法结合了包含以前的单一 R 程序在内的两个不同方法。我们同样也讨论了异构计算是在未来中有潜力的一种方法。

这个例子提到了第 5 章中开发的代码，并通过 pbdMPI 和 RopenCL 利用 MPI 同时开发 CPU 和 GPU。虽然这是一个人造的例子，两个设备计算具有相同的 dist() 函数，但目的是展示在多大范围内你可以用 R 得到最多可用的计算资源。

从根本上说，我们需要做的是用合适的 pbdMPI 初始化和终止的开放 CL 中超越并追踪我们实施的功能函数，在两个进程中用 mpiexec 运行脚本（例如，moiexec - np 2 Rbcript chapter 6 - hybrid .R），如下代码所示：

```
# Initialise both ROpenCL and pbdMPI
require(ROpenCL)
library(pbdMPI, quietly = TRUE)
init()
# Select device based on my MPI rank
r <- comm.rank()
if (r == 0) { # use gpu
 device <- 1
} else { # use cpu
 device <- 2
}
# Main body of OpenCL code from chapter 6
...
# Execute the OpenCL dist() function on my assigned device
comm.print(sprintf("%d executing on device %s", r,
getDeviceType(deviceID)), all.rank = TRUE)

res <- teval(openclDist(kernel))
comm.print(sprintf("%d done in %f secs",r,res$Duration), all.rank = TRUE)
finalize()
```

这个例子简单且非常有效！

6.7　总结

本书包含了平行性的许多不同方面，包括具有 parallel 添加包的 R 的内置多核能力、使用 MPI 标准的消息传递、基于带有 Open CL 的通用 GPU 的并行性。我们也开发了来自负载均衡的不同框架方法的并行性，通过任务场到具有网格布局的空间处理，使用 segue 添加包应用 Hadoop 以及应用云计算中的热门技术 Apache Spark

（更适用于大量实时数据处理）来进行通用批量数据处理，Apache Spark 更适用于大量实时数据处理。

你现在应该对这些不同的并行方法有一个广泛的理解，了解它们适合于不同类型的工作负荷，如何处理兼具均衡和不均衡工作负荷以确保最大效率，如何使用这些来自 R 的支撑技术（使用 SPMD 和 SIMD 向量处理）来应用在你 PC/GPU 上的多个核心。

我们同样也了解了最新的知识，了解了今天的异构计算硬件的前景，它们不仅在我们的笔记本和超级计算机中，甚至在将来还会扩展到我们的私人设备中。并行是在这些系统中唯一一个可以被有效利用的方法。

随着源于体积、数量、环境友好的数据的增加，计算机内核的数量会继续增加，因此编写并行程序并完全利用它们的能力十分重要，同样这种并行程序员的良好的工作安全感需要多年来实现。

最重要的是，我们希望这本书会帮助你开启一段卓有成效的旅程，运用并行去解决在用 R 进行的数据科学中所遇到的最困难问题，出发、进行你的计算吧！